U0140693

泛函方程的稳定性

王志华　著

重庆大学出版社

内容提要

本书基于作者近些年关于泛函方程的 Hyers-Ulam 稳定性研究工作的成果整理而成.本书较为系统地研究了在不同空间结构上的几类泛函方程的 Hyers-Ulam 稳定性问题.本书共6章.第1章介绍 Hyers-Ulam 稳定性有关概念及其相关问题的研究进展.第2章研究可加泛函方程的 Hyers-Ulam 稳定性.第3章研究两类 Jensen 型二次泛函方程的 Hyers-Ulam 稳定性.第4章研究混合型二次与四次泛函方程的 Hyers-Ulam 稳定性及其在相关空间中的应用.第5章研究混合型可加、三次与四次泛函方程的 Hyers-Ulam 稳定性.第6章研究两类三次模糊集值泛函方程的 Hyers-Ulam 稳定性.

本书可供数学专业高年级本科生、研究生、教师作为科研素材使用,也可供相关科研人员和数学爱好者参考.

图书在版编目(CIP)数据

泛函方程的稳定性/王志华著. --重庆:重庆大学出版社,2023.7
ISBN 978-7-5689-3937-9

Ⅰ.①泛… Ⅱ.①王… Ⅲ.①泛函方程—研究 Ⅳ.①O177

中国国家版本馆 CIP 数据核字(2023)第 119428 号

泛函方程的稳定性
FANHAN FANGCHENG DE WENDINGXING
王志华 著
策划编辑:杨粮菊

责任编辑:杨育彪 版式设计:杨粮菊
责任校对:王 倩 责任印制:张 策

*

重庆大学出版社出版发行
出版人:饶帮华
社址:重庆市沙坪坝区大学城西路21号
邮编:401331
电话:(023) 88617190 88617185(中小学)
传真:(023) 88617186 88617166
网址:http://www.cqup.com.cn
邮箱:fxk@cqup.com.cn(营销中心)
全国新华书店经销
重庆升光电力印务有限公司印刷

*

开本:720mm×1020mm 1/16 印张:9.25 字数:133 千
2023 年 7 月第 1 版 2023 年 7 月第 1 次印刷
ISBN 978-7-5689-3937-9 定价:78.00 元

本书如有印刷、装订等质量问题,本社负责调换
版权所有,请勿擅自翻印和用本书
制作各类出版物及配套用书,违者必究

前　言

稳定性是泛函方程理论的重要研究课题之一,在数学与自然科学中占据着重要的地位,在动力系统、控制论、数学物理、生物数学及经济决策等领域都有着十分重要的应用.对稳定性的研究始于一个多世纪以前,稳定性就是未知量对已知量的依赖关系.在具体的数学物理或工程技术理论应用中,对不同类型的方程及其相关的应用背景,需要考虑不同类型的稳定性,比如渐近稳定性、全局稳定性、迭代稳定性、Hyers-Ulam 稳定性及超稳定性等.同一个方程可以同时具有多种形式的稳定性.

近些年,随着非线性科学的发展及泛函方程理论的进一步深入,泛函方程的 Hyers-Ulam 稳定性问题逐渐成为众多数学学者关注的一个重要的研究方向,且取得了大量的研究成果,尤其是不同空间结构上的不同类型的泛函方程的 Hyers-Ulam 稳定性研究.作者从事这个方向的研究工作多年,本书的主要内容基本是作者近些年来的研究成果.

本书较为系统地研究了在不同空间结构上的几类泛函方程的 Hyers-Ulam 稳定性问题,其中主要包括可加泛函方程、两类 Jensen 型二次泛函方程、两类混合型泛函方程、两类三次集值泛函方程等.应用的方法主要是直接法与不动点的择一性方法.本书力求结构分明,内容简洁明了,不仅在主要定理的证明上尽可能详细、严密并突出主要的思想方法,而且还编写了必要的入门专业基础知识.每一章基本独立,但彼此之间有联系.全书共分 6 章.

第 1 章对 Hyers-Ulam 稳定性问题的起源、研究背景与意义和研究进展进行了简要系统的介绍,内容主要包括 Hyers-Ulam 稳定性问题的起源、研究背景与意义,泛函方程的 Hyers-Ulam 稳定性与超稳定性,以及微分方程的 Hyers-Ulam 稳定性等相关问题的研究进展,其主要目的是让读者从宏观上能够把握稳定性问题研究的几个重要方面.

第 2 章研究 non-Archimedean 随机 C^*-代数上更一般的可加泛函方程的 Hyers-Ulam 稳定性. 本章通过构造完备的广义度量空间, 利用不动点的择一性方法证明了更一般的可加泛函方程在 non-Archimedean 随机 C^*-代数上的同态与导子 Hyers-Ulam 稳定性. 同时应用所获得的稳定性相关定理的结果进一步讨论了可加泛函方程在 non-Archimedean 随机 Lie C^*-代数上的同态与导子 Hyers-Ulam 稳定性问题.

第 3 章研究直觉模糊赋范空间上两类 Jensen 型二次泛函方程的 Hyers-Ulam 稳定性. 在本章中, 首先介绍了直觉模糊赋范空间的定义及有关结果. 其次在针对映射 f 满足偶函数的情形下, 研究了两类 Jensen 型二次泛函方程中之一的泛函方程在直觉模糊赋范空间上的 Hyers-Ulam 稳定性, 进而针对映射 f 在没有奇偶性条件假设的情形下, 在直觉模糊赋范空间上对这两类方程 Jensen 型二次泛函方程的稳定性也分别进行了研究.

第 4 章研究 non-Archimedean 模糊赋范空间上混合型二次与四次泛函方程的 Hyers-Ulam 稳定性. 本章在给出 non-Archimedean 模糊赋范空间的概念及有关结果的基础上, 利用直接法研究了混合型二次与四次泛函方程在 non-Archimedean 模糊赋范空间上的 Hyers-Ulam 稳定性. 本章还通过弱化定理的条件, 将所获得的稳定性的结果应用到 non-Archimedean 赋范空间中进一步讨论了该泛函方程的 Hyers-Ulam 稳定性, 且通过例子说明定理中的有关条件对保证泛函方程具备 Hyers-Ulam 稳定性是不可缺的.

第 5 章研究不同类型的矩阵赋范空间上混合型可加、三次与四次泛函方程的 Hyers-Ulam 稳定性. 在本章中, 首先引入矩阵赋范空间与矩阵模糊赋范空间的定义及相关结果. 利用直接法在矩阵赋范空间上研究了混合型可加、三次与四次泛函方程的 Hyers-Ulam 稳定性, 并利用不动点的择一性方法分别在矩阵赋范空间与矩阵模糊赋范空间上讨论了该泛函方程的 Hyers-Ulam 稳定性, 改进了所获得的稳定性结果, 得到了稳定性更好的误差估计.

第 6 章研究两类三次模糊集值泛函方程的 Hyers-Ulam 稳定性. 本章首先介绍 Hausdorff 度量与模糊集的概念及相关性质,且借助于 Jensen 型三次泛函方程和 n 维三次泛函方程,引入两类三次模糊集值泛函方程的定义,进而利用不动点的择一性方法分别研究 Jensen 型三次模糊集值泛函方程和 n 维三次模糊集值泛函方程的 Hyers-Ulam 稳定性,所得到的结果可分别作为单值泛函方程和集值泛函方程的稳定性推广.

衷心感谢内江师范学院石勇国教授对本书内容顺利完成的帮助. 本书的出版与湖北工业大学相关部门的领导在各方面对我极大的帮助和支持是分不开的,在此向他们表示诚挚的感谢。

本书的出版得到了国家自然科学基金项目(11401190)的经费资助,课题内容曾获得湖北省教育厅科研项目(D20161401)和湖北工业大学高层次人才科研启动项目(BSQD12077)的资助,特此说明并致谢。

囿于作者的学识水平和视野,书中难免有不妥之处,敬请广大专家、学者批评指正.

王志华

2022 年 6 月

目　录

第1章 绪 论

本章简要地介绍了 Hyers-Ulam 稳定性问题的起源、研究背景与意义及有关研究进展、本书研究工作的主要内容. 具体内容包括 Hyers-Ulam 稳定性问题的起源、研究背景与意义,泛函方程的 Hyers-Ulam 稳定性与超稳定性,以及微分方程的 Hyers-Ulam 稳定性等相关问题的研究进展.

1.1 Hyers-Ulam 稳定性

在数学的诸多研究领域中,具备某种"特定性质"的研究对象往往难以真正找到,那么,在目标对象"附近"是否存在具备这种"特定性质"或具备与这种"特定性质"近似的数学对象? 若存在的话,成立的条件又是什么? 如果把注意力转向泛函方程,我们就可以把这一问题特殊化:在何种情况下,和给定方程存在"微小"差别的方程的解一定接近于给定方程的解? 换言之,如果尝试用一个泛函不等式逼近某一泛函方程,在什么条件下才能使这个泛函不等式的近似解的附近领域内存在这个泛函方程的解?

上面所提到的问题就是泛函方程的一种重要稳定性:Hyers-Ulam 稳定性. 它刻画了一种特殊的近似解与精确解之间的逼近与跟踪依赖程度关系,且与伪轨跟踪、密码学、混沌控制及误差分析等相关问题有着密切的关联. 1940 年,在威斯康星(Wisconsin)大学举行的数学会议上,数学家 Ulam[236] 首次提出了如下关于群同态的稳定性问题:

给定一个群 G_1，一个度量群 $(G_2, \cdot, \rho)$ 以及一个正常数 ε，我们问：是否存在一个依赖于 ε 的常数 $\delta > 0$，使得映射 $f: G_1 \to G_2$ 对所有的 $x, y \in G_1$ 都满足不等式 $\rho(f(xy), f(x)f(y)) \leq \delta$，则存在一个同态 $g: G_1 \to G_2$ 使得对所有 $x \in G_1$，不等式 $\rho(f(x), g(x)) \leq \varepsilon$ 成立？

上述问题通常被称为 Ulam 问题，如果 Ulam 问题的答案是肯定的，那么我们就称 $g: G_1 \to G_2$ 是稳定的，或称关于同态的 Cauchy 方程 $\varphi(xy) = \varphi(x)\varphi(y)$ 是稳定的.

1941 年，Hyers[67] 通过证明可加 Cauchy 泛函方程 $f(x+y) = f(x) + f(y)$ 在 Banach 空间上的 Hyers-Ulam 稳定性这一结果，最早且非常成功地回答了 Ulam 问题，得到了泛函方程的稳定性问题的最初结果. 具体地说，Hyers 的结果证明了下面关于群同态的稳定性定理：

定理 1.1.1 设 $\delta > 0$，$f: X \to Y$ 是从 Banach 空间 X 到 Banach 空间 Y 中的一个映射，若对任意的 $x, y \in X$ 都满足不等式

$$\|f(x + y) - f(x) - f(y)\| \leq \delta, \tag{1.1.1}$$

则对任意的 $x \in X$ 有极限

$$A(x) = \lim_{n \to \infty} \frac{1}{2^n} f(2^n x) \tag{1.1.2}$$

存在，且存在唯一的可加映射 $A: X \to Y$ 满足

$$\|f(x) - A(x)\| \leq \delta, \forall x \in X. \tag{1.1.3}$$

在这种意义下，称可加 Cauchy 泛函方程 $f(x+y) = f(x) + f(y)$ 在空间偶对 (X, Y) 上具有 Hyers-Ulam 稳定性，或者称可加 Cauchy 泛函方程在 Hyers 和 Ulam 意义下是稳定的.

Hyers 证明定理 1.1.1 所提出的构造可加映射 A 的方法称为"直接法"，又称为"Hyers 序列法". 该方法作为研究各种类型泛函方程的稳定性是非常有力的证明工具之一，被众多学者广泛应用，且这一稳定性的提出极大地促进了其在泛函方程领域的推广和研究. 有关此主题的文章不断涌现见文献[47,51,71,

73,94,202,204]. 它们从不同方向推广了 Ulam 问题和 Hyers 定理. 1978 年, Rassias[202] 在弱化 Cauchy 差分的有界性条件下,给出了 Ulam 问题另一个更一般化的解答,拓深了 Hyers 定理的结果.

定理 1.1.2 设 $f:X{\rightarrow}Y$ 是从 Banach 空间 X 到 Banach 空间 Y 中的一个映射,如果存在 $\theta{\geqslant}0,0{\leqslant}p{<}1$,使得

$$\|f(x+y) - f(x) - f(y)\| \leqslant \theta(\|x\|^p + \|y\|^p), \forall x,y \in X, \quad (1.1.4)$$

那么存在唯一的可加映射 $A:X{\rightarrow}Y$ 满足

$$\|f(x) - A(x)\| \leqslant \frac{2\theta}{2-2^p}\|x\|^p, \forall x \in X. \quad (1.1.5)$$

进而,若对任意给定的 $x \in X, f(tx)$ 在 $t \in \mathbb{R}$ 连续,则 A 是线性的.

鉴于 Ulam,Hyers,Rassias 的结果对泛函方程的稳定性发展起到了很大的推动作用,在这种意义下,称可加 Cauchy 泛函方程 $f(x+y)=f(x)+f(y)$ 在空间偶对 (X,Y) 上具有 Hyers-Ulam-Rassias 稳定性,或者称为具有广义的 Hyers-Ulam 稳定性. 事实上,Hyers-Ulam 稳定性是 Hyers-Ulam-Rassias 稳定性的一种特殊情况.

定理 1.1.2 是对定理 1.1.1 进行了较大的推广,同时也引起了众多数学家对泛函方程的稳定性问题的关注. Aoki[5] 给出了 Rassias 定理的一个特殊情形,利用直接法给出了可加映射的稳定性证明,但是 Aoki 没有给出 Rassias 在定理 1.1.2 中最后提及的关于线性映射的稳定性断言的证明. Rassias[203] 注意到该定理的证明也适合 $p<0$ 的情形,且问是否有对 $p \geqslant 1$ 的情形这样的定理也可以被证明? 1991 年,Gajda[52] 通过对式(1.1.2)进行了稍微的修改,回答了 Rassias 对 $p>1$ 的情形,同时通过构造一个反例证明了此定理对 $p=1$ 这一临界值情形是不成立的. Găvruta[53] 进一步推广了 Rassias 上述定理的结果:假设 G 是一 Abelian 群和 Y 是一 Banach 空间,映射 $\varphi:G{\times}G{\rightarrow}[0,\infty)$ 满足

$$\Phi(x,y) = \sum_{j=0}^{\infty} \frac{1}{2^{j+1}}\varphi(2^j x, 2^j y) < \infty, \forall x,y \in G.$$

如果映射 $f:G{\rightarrow}Y$ 满足不等式

$$\|f(x + y) - f(x) - f(y)\| \leq \varphi(x,y), \forall x,y \in G,$$

那么存在唯一的可加映射 $A:G \to Y$ 满足

$$\|f(x) - A(x)\| \leq \Phi(x,x), \forall x \in G.$$

在这种意义下,称可加 Cauchy 泛函方程 $f(x+y) = f(x) + f(y)$ 在 (G,Y) 上具有 Hyers-Ulam-Găvruta-Rassias 稳定性,或者直接称为具有 Hyers-Ulam-Rassias 稳定性.

随后,各种类型泛函方程的 Hyers-Ulam 稳定性被广泛研究,Cauchy 泛函方程的稳定性伴随着 Hyers-Ulam 稳定性的研究而发展,其原始的 Ulam 问题得到了推广,并且随着对 Hyers-Ulam 稳定性研究的逐渐深入,Hyers-Ulam 稳定性这一概念也被进一步推广[83,91,118,119,120,142],相继出现了多种稳定性概念,比如 Hyers-Ulam-Rassias 稳定性、Ger 意义下的稳定性、限制区域上的稳定性及超稳定性等. 自然地,可以把 Hyers-Ulam 稳定性的概念推广到更为一般化的泛函方程上去. 如同文献[117]中所述,若泛函方程

$$F_1(\varphi) = F_2(\varphi), \tag{1.1.6}$$

对任意满足

$$|F_1(\varphi_s)(x) - F_2(\varphi_s)(x)| \leq \delta$$

的近似解 φ_s,方程(1.1.6)都存在解 φ 使得

$$|\varphi(x) - \varphi_s(x)| \leq \varepsilon,$$

其中 $\delta \geq 0, \varepsilon > 0$ 为常数且 ε 依赖于 δ,则称方程(1.1.6)具有 Hyers-Ulam 稳定性. 若对任意满足不等式

$$|F_1(\varphi_s)(x) - F_2(\varphi_s)(x)| \leq \psi(x)$$

的近似解 φ_s,方程(1.1.6)都存在解 φ 满足

$$|\varphi(x) - \varphi_s(x)| \leq \Phi(x),$$

其中 $\psi(x), \Phi(x)$ 为给定函数且 $\Phi(x)$ 依赖于 $\psi(x)$,则称方程(1.1.6)具有广义 Hyers-Ulam-Rassias 稳定性. 若对任意满足不等式

$$\left| \frac{F_1(\varphi_s)(x)}{F_2(\varphi_s)(x)} - 1 \right| \leq \psi(x)$$

的近似解 φ_s,方程(1.1.6)都存在解 φ 满足

$$\alpha(x) \leqslant \frac{\varphi(x)}{\varphi_s(x)} \leqslant \beta(x),$$

其中 $\psi(x)$,$\alpha(x)$,$\beta(x)$ 为给定函数且 $\alpha(x)$,$\beta(x)$ 依赖于 $\psi(x)$,则称方程(1.1.6)具有 Ger 意义下的稳定性. 按在文献[12]中所述,对任意满足不等式

$$|F_1(\varphi)(x) - F_2(\varphi)(x)| \leqslant \delta$$

的解 φ,若 φ 无界意味着 φ 为方程(1.1.6)的真解,即 $F_1(\varphi)(x) - F_2(\varphi)(x) = 0$,则称方程(1.1.6)具有超稳定性.

另一方面,近些年来,关于泛函方程的 Hyers-Ulam 稳定性的研究成果层出不穷,出现了诸多内涵相同的表述泛函方程的稳定性概念,为了更好地将各种类型泛函方程的稳定性统一起来,Jung 在文献[109]中也曾引入如下泛函方程的稳定性定义.

定义 1.1.1 (cf. [109]). 设 E_1 和 E_2 是两个适当的空间,$p, q \in \mathbb{N}, i \in 1, \cdots, p$,且

$$g_i : E_1^q \to E_1 \quad \text{和} \quad G : E_2^p \times E_1^q \to E_2$$

为定义在对应空间上的映射. 设 $\phi, \Phi : E_1^q \to [0, \infty)$ 是满足某些给定条件的两个映射,对任意的 $x_1 \cdots, x_q \in E_1$,映射 $f : E_1 \to E_2$ 满足不等式

$$\|G(f(g_1(x_1, \cdots, x_q)), \cdots, f(g_p(x_1, \cdots, x_q)), x_1, \cdots, x_q)\| \leqslant \phi(x_1, \cdots, x_q). \quad (1.1.7)$$

如果对每一个满足式(1.1.7)的映射 f,对任意的 $x_1 \cdots, x_q \in E_1$ 都存在一个映射 $H : E_1 \to E_2$ 使得

$$G(H(g_1(x_1, \cdots, x_q)), \cdots, H(g_p(x_1, \cdots, x_q)), x_1, \cdots, x_q) = 0,$$

且对任意的 $x \in E_1$,有

$$\|f(x) - H(x)\| \leqslant \Phi(x, \cdots, x) \quad (1.1.8)$$

成立,那么称泛函方程

$$G(f(g_1(x_1, \cdots, x_q)), \cdots, f(g_p(x_1, \cdots, x_q)), x_1, \cdots, x_q) = 0 \quad (1.1.9)$$

在 (E_1, E_2) 上具有 Hyers-Ulam-Rassias 稳定性,或者称泛函方程(1.1.9)在

Hyers,Ulam 和 Rassias 意义下是稳定的.

在定义 1.1.1 中,若用 δ 和 $K\delta$ 分别代替式(1.1.7)及式(1.1.8)中的 $\phi(x_1,\cdots,x_q)$ 与 $\Phi(x,\cdots,x)$,则称泛函方程(1.1.9)在 (E_1,E_2) 上具有 Hyers-Ulam 稳定性.

1.2 Hyers-Ulam 稳定性的研究进展

Hyers-Ulam 稳定性作为泛函方程的一种重要的稳定性,是泛函方程理论研究中的重要热点问题之一,愈加受到学者们的关注,激励了众多学者的深入探索和研究,出现了诸多关于泛函方程的 Hyers-Ulam 稳定性方面的有价值研究成果[16,39,56,71,79,94,166,167,183,184,200,207].

关于泛函方程的 Hyers-Ulam 稳定性研究,主要集中在单变量泛函方程与多变量泛函方程. 大量的稳定性研究结果主要是针对多变量泛函方程的,而对单变量泛函方程的稳定性的结果却相对较少. 随着对单变量泛函方程研究的深入,相应稳定性结果也不断涌现,并已取得了一些有意义的成果(可见文献[14,22,24,25,49,78,84,85,87,117,141,234,235]). 文献[245]较为详细地研究了非线性迭代泛函方程

$$G(f(x),f^2(x),\cdots,f^n(x)) = F(x) \qquad (1.2.1)$$

的 Hyers-Ulam 稳定性,并对多项式型迭代泛函方程

$$\lambda_1 f(x) + \lambda_2 f^2(x) + \cdots + \lambda_n f^n(x) = F(x) \qquad (1.2.2)$$

的 Hyers-Ulam 稳定性也进行了讨论. 随后,在文献[1]中给出了包含线性泛函方程、非线性泛函方程和迭代方程等单变量泛函方程的 Hyers-Ulam 稳定性的研究成果. 2007 年,徐冰和张伟年[246]对多项式迭代方程

$$f^m(x) = \lambda_{m-1} f^{m-1}(x) + \cdots + \lambda_1 f(x) + F(x) \qquad (1.2.3)$$

的首项系数问题进行了研究,给出了连续解的构造及其稳定性,并讨论了迭代根的 Hyers-Ulam 稳定性. 差分方程可以看成是离散型的单变量泛函方程. 2005

年,Popa[193]研究了一阶变系数线性差分方程

$$x_{n+1} = a_n x_n + b_n$$

的 Hyers-Ulam-Rassias 稳定性. 借助文献[193]所获得的结果,Popa[194]针对 p 阶常系数线性差分方程

$$x_{n+p} = a_1 x_{n+p-1} + \cdots + a_p x_n + b_n$$

的 Hyers-Ulam 稳定性进行了进一步的研究. 文献[20,21,23,168]也对线性差分方程与非线性差分方程的 Hyers-Ulam 稳定性进行了详细的研究.

　　有关多变量泛函方程的 Hyers-Ulam 稳定性研究的文章相比单变量泛函方程要多很多,因此相继出现了一些关于研究多变量泛函方程的 Hyers-Ulam 稳定性的文章综述:Hyers[68]发表了关于等距的稳定性的综述,随后 Hyers 与 Rassias[69]合作又发表了关于同胚的稳定性的综述,进而,Forti[48]发表了多变量泛函方程的 Hyers-Ulam 稳定性的综述,其间概括了发表于 1980—1995 年的大量相关文章中的结果. 2000 年,Rassias[208]发表了关于多变量泛函方程的 Hyers-Ulam 稳定性、Hyers-Ulam-Rassias 稳定性、Ger 意义下的稳定性、限制区域上的稳定性以及超稳定性的综述. 2009 年,Moszner[169]又发表了关于泛函方程的稳定性的综述. 针对多变量泛函方程的稳定性的研究,从泛函方程的具体类型来讲,主要是关于 Cauchy、Jensen、二次、三次及四次等类型泛函方程的研究. Rassias[205,206]等人研究了 Cauchy 泛函方程的稳定性. 关于 Cauchy 泛函方程的 Hyers-Ulam 稳定性更为深入、更一般化的研究成果也可见文献[55,74,88,198],并且这些研究成果也已被应用到非线性分析中一些重要问题的研究上,比如非线性映射在锥上不动点的存在性问题研究. Jung 等人在文献[90,133]中研究了 Jensen 泛函方程

$$2f\left(\frac{x+y}{2}\right) = f(x) + f(y) \tag{1.2.4}$$

的稳定性,且 Faĭziev 和 Riede[46]在半群上对 Jensen 泛函方程(1.2.4)的稳定性也进行了研究. 关于二次泛函方程

$$f(x+y) + f(x-y) = 2f(x) + 2f(y) \qquad (1.2.5)$$

的稳定性问题,Skof[223]首次针对从赋范空间到 Banach 空间的映射 f 研究了二次泛函方程(1.2.5)的稳定性. 之后,Cholewa[33]利用交换群代替赋范空间进一步推广了 Skof 在文献[223]中的结果,并且 Czerwik 在文献[38]中对二次泛函方程(1.2.5)的稳定性也给出了详细的研究. 此外,有关其他类型的二次泛函方程(如:Deeba 二次泛函方程、Pexider 型二次泛函方程等)的 Hyers-Ulam 稳定性的研究更多成果可见文献[43,89,92,93]. Jun 和 Kim[80]给出了三次泛函方程

$$f(2x+y) + f(2x-y) = 2f(x+y) + 2f(x-y) + 12f(x) \qquad (1.2.6)$$

的通解且在 Banach 空间上研究方程(1.2.6)的 Hyers-Ulam 稳定性. 然而,文献[34,81,82,171,175,176,190]中关于某些其他类型的三次泛函方程的通解及其稳定性问题也得到了很好的研究. Lee,Im 和 Hwang[140]及 Najati[172]研究了四次泛函方程

$$f(2x+y) + f(2x-y) = 4f(x+y) + 4f(x-y) + 24f(x) - 6f(y)$$

$$(1.2.7)$$

的通解及其稳定性. Lee 和 Chung[139],Kang[111]和 Rassias[199]也对其他类型的四次泛函方程做了进一步的研究工作.

然而,关于其他类型泛函方程的 Hyers-Ulam 稳定性也逐渐地开展了一些研究,取得了非常多的新研究成果,主要包括:五次泛函方程与六次泛函方程的一般解及其稳定性[248]、2-变量可加泛函方程的一般解及其稳定性[10,211]、3-变量二次泛函方程的一般解及其稳定性[212]、2-变量三次泛函方程的一般解及其稳定性[213]等. 此外,文献[15,57,232,180,229]对 Hosszú's 泛函方程、指数方程、对数泛函方程、Pexider 泛函方程及正弦和余弦泛函方程等泛函方程的 Hyers-Ulam 稳定性问题进行了相应的研究. 最近,有关混合型多变量泛函方程(如:混合型可加与二次泛函方程,混合型可加与三次泛函方程,混合型二次与四次泛函方程,混合型三次与四次泛函方程,混合型可加、二次与三次泛函方程,混合型可加、三次与四次泛函方程等)的稳定性也在文献[30,60,61,62,64,173,174]中

得到了研究,同时在不同空间上(如:模糊赋范空间、概率赋范空间、随机赋范空间、直觉模糊赋范空间、non-Archimedean 随机赋范空间及矩阵赋范空间等空间结构)对各种不同类型多变量泛函方程的 Hyers-Ulam 稳定性的研究不断更新,得到了许多重要的研究结果[4,18,19,36,45,63,113,134,147,150,153,189,216,238],丰富了泛函方程的稳定性问题的研究对象,拓展了泛函方程理论的研究领域与方向. 这些结果已被广泛应用到非线性分析中一些重要问题的研究上,成为相关领域重要的研究工具.

在某些实际问题的研究与应用中,如果想要考虑某一系统的稳定性,但有时系统的局部区域会存在信息部分缺失,也即"灰箱"区域. 那么怎样去修补"灰箱"区域,进而讨论系统全局范围内的稳定性问题,这就是多变量泛函方程的另一种稳定性:在限制区域上的稳定性. 1983 年,Skof[223,224] 分别在限制区域 $\mathbb{R}^N$ 的子集上当 $N=1$ 时及在 $|x|+|y|>a(a>0$ 是给定的常数)的条件下对可加泛函方程的稳定性进行了研究,并且在 $\|x\|+\|y\|>a$ 的条件下也对可加泛函方程的稳定性进行了研究,同时进一步将相关的结果应用到讨论可加泛函方程的渐近性行为上. 1989 年,Kominek[133] 对文献[224]中的工作进行了较好的补充,考虑了当 N 取任意正整数的情形下的稳定性,获得了较为完整的结果,且在文献[70,95]中对可加泛函方程在限制区域上的稳定性及方程的渐近性行为也进行了研究. 1987 年,Skof 和 Terracini[225] 研究了二次泛函方程(1.2.5)在限制区域上的稳定性. Jung[89] 在 $\|x\|+\|y\|>d$ 的条件下研究了二次泛函方程(1.2.5)的稳定性. 有关可加泛函方程与二次泛函方程在限制区域上的稳定性的研究所取得的成果,为进一步研究其他类型的泛函方程在限制区域上的稳定性提供了很好的支持与帮助. Jensen 泛函方程(1.2.4)作为可加泛函方程的一种特殊形式,Jung[90,95,133] 讨论了它在限制区域上的稳定性. Rassias 等人[200] 针对 Jensen 与 Jensen 型泛函方程在限制区域上的稳定性,以及方程的渐近性行为进行了进一步的讨论. Jung[100] 还讨论了指数泛函方程 $f(x+y)=f(x)f(y)$ 在限制区域上的稳定性.

超稳定性是一类特殊的 Hyers-Ulam 稳定性,通常出现在含有"指数函数因子"的多变量泛函方程中. 方程具有超稳定性表现为当方程的近似解是无界的或者大于某个给定的常数时,该近似解必为方程的真解. 1979 年,Baker,Lawrence 和 Zorzitto[12] 第一次发现了超稳定性现象,且在向量空间上对指数泛函方程

$$f(x + y) = f(x)f(y) \qquad (1.2.8)$$

的超稳定性进行了讨论. Székelyhidi[228] 在不同集合上也讨论了方程(1.2.8)的超稳定性. Lee 等人在文献[138,143]中研究了 Gamma-Beta 型泛函方程

$$\beta(x + y)f(x + y) = f(x)f(y) \qquad (1.2.9)$$

的超稳定性. 1980 年,Baker[13] 研究了余弦泛函方程(又称为达朗贝尔泛函方程)

$$f(x + y) + f(x - y) = 2f(x)f(y) \qquad (1.2.10)$$

的超稳定性. Găvruta[54] 利用极限理论优化了在文献[13]中关于方程(1.2.10)的超稳定性结果的证明. Cholewa[32] 研究了正弦泛函方程

$$f(x)f(y) = f\left(\frac{x + y}{2}\right)^2 - f\left(\frac{x - y}{2}\right)^2 \qquad (1.2.11)$$

的超稳定性. Badora 等人在文献[8,9,17,121,123,124,127]中进一步给出了方程(1.2.10)和方程(1.2.11)的超稳定性的一些结果. Kannappan 和 Kim[114] 研究了 Wilson 泛函方程

$$f(x + y) + f(x - y) = 2f(x)g(y) \qquad (1.2.12)$$

的超稳定性. 在某些三角恒等式(如:$\sin(\alpha+\beta) - \sin(\alpha-\beta) = 2\cos\alpha\sin\beta$)的启发下,Kim 等人在文献[122,125,126,129]中研究了与方程(1.2.10)、方程(1.2.11)和方程(1.2.12)相关的三角泛函方程

$$f(x + y) - f(x - y) = 2f(x)g(y)$$

$$f(x + y) - f(x - y) = 2g(x)f(y)$$

的超稳定性. 同时,关于(双曲)三角泛函方程和广义的三角泛函方程的超稳定

性的研究可见文献[128,130,233]中的工作.

Hyers-Ulam 稳定性理论也可应用到微分方程中,且微分方程的 Hyers-Ulam 稳定性研究是近十几年发展起来的一个非常活跃的研究方向,很多学者在该领域取得了大量富有成效的研究工作.这些研究工作不仅推动了 Hyers-Ulam 稳定性理论研究的进一步发展,同时也丰富了微分方程的研究内容.考虑微分方程[1]

$$\frac{\mathrm{d}\varphi(x)}{\mathrm{d}x} = f(x,\varphi(x)). \tag{1.2.13}$$

方程(1.2.13)的 Hyers-Ulam 稳定性意味着:若 φ_s 是方程(1.2.13)一个 δ-近似解,即若

$$\left| \frac{\mathrm{d}\varphi_s(x)}{\mathrm{d}x} - f(x,\varphi_s(x)) \right| \le \delta, \forall x \in I,$$

则方程(1.2.13)存在解 φ 使得不等式

$$|\varphi(x) - \varphi_s(x)| \le \varepsilon$$

成立,其中 $\varepsilon > 0$ 只依赖于 δ.

关于微分方程有对初值与参数的稳定性.Lyapunov 稳定性作为常微分方程基本的稳定性概念,它是针对初值的稳定性:方程的两个初值接近的解在足够的时间之后充分靠近.Hyers-Ulam 稳定性可看作针对参数的稳定性:给微分方程充分小的扰动,其对应的解变化将很小.这和微分方程中对向量场的连续依赖是有区别的,因为后者只是在有限区间上的讨论.1993 年,Obloza[181]率先对微分方程的 Hyers-Ulam 稳定性进行了研究.Obloza 在文献[182]中研究了常微分方程的 Hyers-Ulam 稳定性与 Lyapunov 稳定性的关系,且在一定条件下证明了微分方程的 Hyers-Ulam 稳定性蕴含 Lyapunov 稳定性,但反之不一定成立.

1998 年,Alsina 和 Ger[3]研究了微分方程 $y'(t) = y(t)$ 的 Hyers-Ulam 稳定性,其获得如下研究结果:若可微函数 $f:I \to \mathbb{R}$ 对任意的 $t \in I$ 满足微分不等式 $|y'(t) - y(t)| \le \varepsilon$,其中 $\varepsilon > 0$ 是给定的常数,则存在微分方程 $y'(t) = y(t)$ 的一个解 $f_0:I \to \mathbb{R}$ 满足 $|f(t) - f_0(t)| \le 3\varepsilon$.利用在文献[3]中给出的方法,Miura 等人在文献[155,157,160,230]中分别在不同的抽象空间上建立了微分方程

$y'(t) = \lambda y(t)$ 具有 Hyers-Ulam 稳定性的理论. Miura 等人[158]证明了定义在复 Banach 空间上的一阶线性微分算子具有 Hyers-Ulam 稳定性的充要条件,且给出了两种最佳 Hyers-Ulam 稳定性常数存在的条件. Miura 等人在文献[159]中进一步讨论了 n 阶复系数线性微分算子具有 Hyers-Ulam 稳定性的充要条件. Takahasi 等人[231]对在文献[158]中所提出的有关 Hyers-Ulam 稳定性常数存在的条件问题给予了完整解答. Jung[96]利用在文献[3]中所使用的方法证明了微分方程 $\varphi(t)y'(t) = y(t)$ 的 Hyers-Ulam 稳定性. 之后,Jung[97,98]利用直接构造法在复 Banach 空间上分别证明了一阶线性微分方程 $y'(t) + g(t)y(t) + h(t) = 0$ 与 $ty'(t) + \alpha y(t) + \beta t^r x_0 = 0$ 的 Hyers-Ulam 稳定性. Jung[99]利用矩阵方法证明了复系数一阶线性微分方程组 $\vec{y}'(t) = A\vec{y}(t) + \vec{b}(t)$ 的 Hyers-Ulam 稳定性. Jung 和 Rassias[105]利用直接构造法证明了 Bernoulli 微分方程的 Hyers-Ulam 稳定性. 直接法和不动点的择一性方法是研究泛函方程的 Hyers-Ulam 稳定性最为基本的证明方法. 对于微分方程而言,其研究方法更为灵活多样,直接法已不能直接应用到微分方程的 Hyers-Ulam 稳定性问题研究中,但 Jung[108]利用不动点的择一性方法成功地研究了一般形式微分方程的 Hyers-Ulam 稳定性. 进一步,Akkouchi[2],Jung 和 Rezaei[110]分别利用不动点的择一性方法证明了非线性 Volterra 积分方程和线性微分方程的 Hyers-Ulam 稳定性. 随后,Rezaei 等人[210]利用 Laplace 变换法证明了 n 阶常系数线性微分方程的 Hyers-Ulam 稳定性,进一步改进了前期所获得的有关稳定性结果. 关于微分方程的 Hyers-Ulam 稳定性更多的研究结果可参见文献[31,37,104,106,107,144,156,161,165,195,196,237].

1.3　本书研究工作的主要内容

本书前面两节介绍了 Hyers-Ulam 稳定性的起源、研究背景与意义,并在相关问题的研究历程的基础上,将主要研究具有不同空间结构的几类泛函方程的

Hyers-Ulam 稳定性,给出近似解与精确解的误差分析. 本书研究工作的主要内容如下:

Rassias 和 Kim[209] 考虑了更为一般的可加泛函方程

$$\sum_{1 \leqslant i < j \leqslant n} f\left(\frac{x_i + x_j}{2} + \sum_{l=1, k_l \neq i, j}^{n-2} x_{k_l}\right) = \frac{(n-1)^2}{2} \sum_{i=1}^{n} f(x_i), \qquad (1.3.1)$$

其中 $n \geqslant 2$ 的固定整数. 事实上,当 $n = 2$ 时,方程(1.3.1)为 Jensen 泛函方程 $2f\left(\frac{x+y}{2}\right) = f(x) + f(y)$,且关于该方程的稳定性在文献[142,200,201]中给出了详细的研究. 然而,Jang 和 Saadati[77] 研究了 non-Archimedean C^*-代数和 non-Archimedean Lie C^*-代数上的 Jensen 型泛函方程 $f\left(\frac{x+y}{2}\right) + f\left(\frac{x-y}{2}\right) = f(x)$ 的 Hyers-Ulam 稳定性. Najati 和 Ranjbari[177] 研究了 C^*-三元代数上在方程(1.3.1)当 $n = 3$ 时的同态与导子 Hyers-Ulam 稳定性. 对于 $n \geqslant 3$ 时的情形,Rassias 和 Kim[209] 给出了方程(1.3.1)的通解和在拟 β-赋范空间上讨论了方程(1.3.1)的 Hyers-Ulam 稳定性,而 Kim 等人[132]对关于 n-Lie Banach 代数上方程(1.3.1)的 Hyers-Ulam 稳定性也进行了相关的研究. 在第 2 章中,本书将在 non-Archimedean 随机 C^*-代数上进一步讨论方程(1.3.1),利用不动点的择一性方法证明方程(1.3.1)在 non-Archimedean 随机 C^*-代数上的同态与导子 Hyers-Ulam 稳定性,同时应用相关定理的结果讨论方程(1.3.1)在 non-Archimedean 随机 Lie C^*-代数上的同态与导子 Hyers-Ulam 稳定性的相关结果.

在对直觉模糊赋范空间上泛函方程的稳定性研究中,Mursaleen 等人在文献[162,163,170,247]中对 Jensen、Pexider 化二次、三次及混合型可加与三次等泛函方程的稳定性进行了研究. 2009 年,Jang 等人在文献[75]中考虑了 Jensen 型二次泛函方程

$$2f\left(\frac{x+y}{2}\right) + 2f\left(\frac{x-y}{2}\right) = f(x) + f(y), \qquad (1.3.2)$$

$$f(ax + ay) + f(ax - ay) = 2a^2 f(x) + 2a^2 f(y), \qquad (1.3.3)$$

其中 a 是一非零实数,且 $a \neq \pm\dfrac{1}{2}$. 在第 3 章中,本书进一步在直觉模糊赋范空间上对方程(1.3.2)和方程(1.3.3)的 Hyers-Ulam 稳定性进行了讨论. 在第 3.1 节中介绍了直觉模糊赋范空间的定义及有关结果. 之后,在第 3.2 节中针对 f 是偶函数的情形证明了方程(1.3.2)的稳定性,进而在没有 f 奇偶性的假设情形下分别证明了在直觉模糊赋范空间上方程(1.3.2)和方程(1.3.3)的稳定性.

Gordji,Abbaszadeh 和 Park[58]考虑了混合型二次与四次泛函方程

$$f(kx + y) + f(kx - y)$$

$$= k^2 f(x + y) + k^2 f(x - y) + 2f(kx) - 2k^2 f(x) - 2(k^2 - 1)f(y), \quad (1.3.4)$$

其中 k 是固定整数,且 $k \neq 0, \pm 1$. 他们在文献[58]中还给出了方程(1.3.4)的通解并讨论了在拟 Banach 空间上方程(1.3.4)的 Hyers-Ulam 稳定性. 近些年来,关于在模糊赋范空间上泛函方程的稳定性的研究越来越引起人们的重视,相继取得了不少有意义的稳定性成果[149,150,151,152,189],而在 non-Archimedean 模糊赋范空间上泛函方程的稳定性结果相对较少. 在第 4 章中,本书在 non-Archimedean 模糊赋范空间上对方程(1.3.4)的稳定性进行了讨论. 在第 4.1 节中给出了 non-Archimedean 模糊赋范空间的概念及在 non-Archimedean 模糊赋范空间上的一些有关结果. 在第 4.2 节中,利用直接法研究了方程(1.3.4)在 non-Archimedean 模糊赋范空间上的 Hyers-Ulam 稳定性. 在第 4.3 节中,通过弱化定理的条件,将在第 4.2 节中所获得稳定性的结果应用到在 non-Archimedean 赋范空间中进一步证明了方程(1.3.4)的 Hyers-Ulam 稳定性,且通过例子说明了定理中的条件 $|2| < 1$ 对保证方程(1.3.4)具备 Hyers-Ulam 稳定性是不可缺的.

Effros 等人在文献[44,222]中给出了矩阵赋范空间的定义及相关的性质,建立了矩阵赋范空间的结构. 随后,受到他们思想的启示,人们在文献[135,137,188]中考虑了一些其他类型的矩阵赋范空间(如:矩阵模糊赋范空间、矩阵

随机赋范空间及矩阵赋准范空间等）的定义与性质，并在相应的矩阵赋范空间中对相关的泛函方程及泛函不等式的 Hyers-Ulam 稳定性进行了研究. 2009 年，Gordji 等人在文献[61]中研究了混合型可加、三次与四次泛函方程

$$11[f(x + 2y) + f(x - 2y)]$$

$$= 44[f(x + y) + f(x - y)] + 12f(3y) - 48f(2y) + 60f(y) - 66f(x)$$

$$(1.3.5)$$

的通解和在 Banach 空间上方程(1.3.5)的 Hyers-Ulam 稳定性，且文献[115，239]分别对方程(1.3.5)在模糊赋范空间和多重 Banach 空间上的 Hyers-Ulam 稳定性进行了研究. 在第 5 章中，本书利用不同的证明方法在不同类型的矩阵赋范空间上对方程(1.3.5)的 Hyers-Ulam 稳定性进行了进一步的讨论. 在第 5.1 节中介绍了矩阵赋范空间与矩阵模糊赋范空间的定义及有关结果. 在第 5.2 节中，本书利用直接法在矩阵赋范空间上证明了方程(1.3.5)的 Hyers-Ulam 稳定性. 在第 5.3 节与 5.4 节中，利用不动点的择一性方法分别在矩阵赋范空间与矩阵模糊赋范空间上证明了方程(1.3.5)的 Hyers-Ulam 稳定性，改进了第 5.2 节中所获得方程(1.3.5)的稳定性结果，提供了稳定性更好的误差估计.

Kim 等人在文献[131]中考虑了 Jensen 型三次泛函方程

$$f\left(\frac{3x + y}{2}\right) + f\left(\frac{x + 3y}{2}\right) = 12f\left(\frac{x + y}{2}\right) + 2f(x) + 2f(y) \qquad (1.3.6)$$

的通解并证明了方程(1.3.6)的 Hyesr-Ulam 稳定性. 2008 年，Kang 和 Chu[112]研究了 n 维三次泛函方程

$$f\left(2\sum_{j=1}^{n-1} x_j + x_n\right) + f\left(2\sum_{j=1}^{n-1} x_j - x_n\right) + 4\sum_{j=1}^{n-1} f(x_j)$$

$$= 16f\left(\sum_{j=1}^{n-1} x_j\right) + 2\sum_{j=1}^{n-1} (f(x_j + x_n) + f(x_j - x_n)) \quad (1.3.7)$$

的通解和在 Banach 代数与 C^*-代数上方程(1.3.7)的 Hyers-Ulam 稳定性，其中 $n \geq 2$ 是一整数. 在过去的几十年里，Banach 空间上的集值函数的相关研究已得

到了很大的发展. Aumann 和 Debreu 受到控制论和经济数学的启发率先研究了集值函数的相关理论[7,40]. Arrow 等人[6]和 Mckenzie[145]进一步研究和推广了集值函数理论. 一些学者成功地把集值函数理论引入方程领域, 并研究了相关的集值泛函方程的 Hyers-Ulam 稳定性[26,35,50,76,116,186,226,227,249]. 在第 6 章中, 本书研究了两类三次模糊集值泛函方程的 Hyers-Ulam 稳定性. 在第 6.1 节, 本书介绍了 Hausdorff 度量与模糊集的概念及相关性质. 在第 6.2 节和 6.3 节, 本书首先建立了两类三次模糊集值方法的定义, 进而利用不动点的择一性方法分别证明了 Jensen 型三次模糊集值泛函方程和 n 维三次模糊集值泛函方程的 Hyers-Ulam 稳定性, 所取得的结果可分别作为单值泛函方程和集值泛函方程的稳定性推广.

第 2 章　可加泛函方程的稳定性

本章在 non-Archimedean 随机 C^*-代数上研究可加泛函方程的 Hyers-Ulam 稳定性. 研究泛函方程的 Hyers-Ulam 稳定性的经典方法之一是"Hyers 方法", 又称为"直接法", 它依赖于一个 Hyers 序列的收敛性. Rassias 和 Kim 在文献 [209] 中讨论了可加泛函方程的通解, 并利用直接法在拟 β-赋范空间上证明了可加泛函方程的 Hyers-Ulam 稳定性. 而本章利用不动点的择一性方法在 non-Archimedean 随机 C^*-代数上进一步证明可加泛函方程的 Hyers-Ulam 稳定性问题, 且应用所获得的相关定理证明可加泛函方程在 non-Archimedean 随机 Lie C^*-代数上的同态与导子 Hyers-Ulam 稳定性的一些结果.

2.1　non-Archimedean 随机赋范代数

在本章中, 假设映射 $F:\mathbb{R}\cup\{-\infty,\infty\}\rightarrow[0,1]$ 满足 $F(0)=0$ 和 $F(+\infty)=1$, 且在 $\mathbb{R}$ 上是左连续与不减的. 用 Δ^+ 表示所有概率分布函数的空间, D^+ 是由 Δ^+ 中满足 $l^- F(+\infty)=1$ 的所有映射 F 构成的子集, 其中 $l^- f(x)$ 表示映射 f 在 x 处的左极限, 即 $l^- f(x)=\lim\limits_{t\rightarrow x^-}f(t)$. 空间 Δ^+ 是一按通常点序函数的偏序, 也就是说, 对任意的 $t\in\mathbb{R}$, $F\leqslant G$ 当且仅当 $F(t)\leqslant G(t)$. Δ^+ 的最大元素是分布函数 ε_0, 定义如下:

$$\varepsilon_0(t)=\begin{cases}0, & \text{若 } t\leqslant 0,\\ 1, & \text{若 } t>0.\end{cases}$$

定义 2.1.1　（cf. [217]）. 映射 $T:[0,1]\times[0,1]\to[0,1]$ 称为连续三角范数（连续 t-范数），如果 T 满足下列条件：

（a）T 是结合的和可交换的；

（b）T 是连续的；

（c）对任意的 $a\in[0,1]$，$T(a,1)=a$；

（d）对任意的 $a,b,c,d\in[0,1]$，当 $a\leqslant c$ 及 $b\leqslant d$ 时，有 $T(a,b)\leqslant T(c,d)$ 成立.

对任意的 $a,b\in[0,1]$，典型连续 t-范数的例子是 Lukasiewicz t-范数 T_L，以及 t-范数 T_P,T_M 与 T_D，其中 $T_L(a,b)=\max(a+b-1,0)$，$T_P(a,b):=ab$，$T_M(a,b):=\min(a,b)$，

$$T_D(a,b):=\begin{cases}\min(a,b), & \text{若 } \max(a,b)=1,\\ 0, & \text{其他.}\end{cases}$$

假设 $\mathbb{K}$ 是一域，域 $\mathbb{K}$ 上的函数 $|\cdot|:\mathbb{K}\to\mathbb{R}$ 对所有的 $r,s\in\mathbb{K}$ 满足如下条件：

（1）$|r|=0$ 当且仅当 $r=0$；

（2）$|rs|=|r||s|$；

（3）$|r+s|\leqslant\max\{|r|,|s|\}$；

则称 $|\cdot|$ 为域 $\mathbb{K}$ 上 non-Archimedean 赋值. 具有 non-Archimedean 赋值的域称为 non-Archimedean 域. 若 $\mathbb{K}$ 是一 non-Archimedean 域，1 是半群（$\mathbb{K},\cdot$）的零元和 $n\in\mathbb{N}$，则 $|1|=|-1|=1$ 和 $|n|\leqslant1$. 在本章中，始终假定 non-Archimedean 赋值 $|\cdot|$ 是非平凡的，即存在 $r_0\in\mathbb{K}$，使得 $|r_0|\neq0,1$.

假设 X 是域 $\mathbb{K}$ 上具有 non-Archimedean 非平凡赋值 $|\cdot|$ 的向量空间. 函数 $\|\cdot\|:X\to\mathbb{R}$ 是一 non-Archimedean 范数当且仅当满足下列条件：

（i）$\|x\|=0$ 当且仅当 $x=0$；

（ii）对所有的 $r\in\mathbb{K}$ 和 $x\in X$，$\|rx\|=|r|\|x\|$；

（iii）对所有的 $x,y\in X$，$\|x+y\|\leqslant\max\{\|x\|,\|y\|\}$.

若 $\|\cdot\|$ 是 X 上的 non-Archimedean 范数，则称（$X,\|\cdot\|$）为 non-Archimedean 赋

范空间.

由(iii)可知,对所有的 $x_m,x_n \in X,m,n \in \mathbb{N}$,当 $n>m$ 时有

$$\|x_n - x_m\| \leqslant \max\{\|x_{j+1} - x_j\|: m \leqslant j \leqslant n - 1\}$$

成立. 在 non-Archimedean 空间 $(X,\|\cdot\|)$ 中,序列 $\{x_n\}$ 是 Cauchy 序列当且仅当序列 $\{x_{n+1}-x_n\}$ 收敛于 0. 在完备的 non-Archimedean 空间 $(X,\|\cdot\|)$ 中,每个 Cauchy 序列 $\{x_n\}$ 均是收敛的.

假设 $\mathcal{A}$ 是完备的 non-Archimedean 代数. 若对所有的 $a,b \in \mathcal{A}$,满足 $\|ab\| \leqslant \|a\|\|b\|$,则称 $\mathcal{A}$ 是 non-Archimedean Banach 代数. 关于 non-Archimedean Banach 代数更详细的定义可见文献[59,221].

若 $\mathcal{U}$ 是 non-Archimedean Banach 代数,则 $\mathcal{U}$ 上的对合是映射 $t \to t^*$,从 $\mathcal{U}$ 到 $\mathcal{U}$ 满足如下性质:

(I)对所有的 $t \in \mathcal{U}, t^{**} = t$;

(II)$(\alpha s + \beta t)^* = \bar{\alpha}s^* + \bar{\beta}t^*$;

(III)对所有的 $s,t \in \mathcal{U}, (st)^* = t^*s^*$.

此外,若对所有的 $t \in \mathcal{U}$,有 $\|t^*t\| = \|t\|^2$ 成立,则称 $\mathcal{U}$ 是 non-Archimedean C^*-代数.

定义 2.1.2 (cf. [113,218]). 三元组 (X,μ,T) 称为 non-Archimedean 随机赋范空间(简称 NA-RN 空间),如果 X 是 non-Archimedean 域 $\mathbb{K}$ 上的线性空间,T 是连续 t-范数,映射 $\mu:X \to D^+$,且对任意的 $x,y \in X$ 满足下列条件:

(NA-RN1)对任意的 $t>0$, $\mu_x(t) = \varepsilon_0(t)$ 当且仅当 $x=0$;

(NA-RN2)对任意的 $t>0$ 和 $\alpha \neq 0$, $\mu_{\alpha x}(t) = \mu_x\left(\frac{t}{|\alpha|}\right)$;

(NA-RN3)对任意的 $t,s \geqslant 0$, $\mu_{x+y}(\max(t,s)) \geqslant T(\mu_x(t),\mu_y(s))$;

容易验证,若(NA-RN3)成立,则有

(RN3)$\mu_{x+y}(t+s) \geqslant T(\mu_x(t),\mu_y(s))$ 成立.

例 2.1.1 (cf. [178]). 假设 $(X,\|\cdot\|)$ 是 non-Archimedean 赋范线性空间,对所有的 $x \in X$ 和 $t>0$,及 $\alpha,\beta>0$. 考虑

$$\mu_x(t) = \frac{\alpha t}{\alpha t + \beta \|x\|},$$

则 (X, μ, T_M) 是 non-Archimedean 随机赋范空间.

例 2.1.2 (cf. [178]). 假设 $(X, \|\cdot\|)$ 是 non-Archimedean 赋范线性空间, 且 $\beta > \alpha > 0$. 考虑

$$\mu_x(t) = \begin{cases} 0, & t \leqslant \alpha \|x\|, \\ \dfrac{t}{t + (\beta - \alpha)\|x\|}, & \alpha \|x\| < t \leqslant \beta \|x\|, \\ 1, & t > \beta \|x\|, \end{cases}$$

则 (X, μ, T_M) 是 non-Archimedean 随机赋范空间.

定义 2.1.3 (cf. [113, 154]). 四元组 (X, μ, T, T') 称为 non-Archimedean 随机赋范代数, 如果 non-Archimedean 随机赋范空间 (X, μ, T) 具备代数结构, 且对任意的 $x, y \in X$ 和 $t > 0$ 满足下列条件

$(NA\text{-}RN4)\mu_{xy}(t) \geqslant T'(\mu_x(t), \mu_y(t))$, 其中 T' 是连续的 t-范数.

例 2.1.3 (cf. [154]). 假设 $(X, \|\cdot\|)$ 是 non-Archimedean 赋范代数. 考虑

$$\mu_x(t) = \begin{cases} 0, & x \neq 0, t \leqslant 0, \\ \dfrac{t}{t + \|x\|}, & x \neq 0, t > 0, \\ 1, & x = 0, \end{cases}$$

则 (X, μ, T_M) 是 non-Archimedean 随机赋范空间. 易证, 对任意的 $x, y \in X$ 和 $t > 0$, 若 $\mu_{xy}(t) \geqslant \mu_x(t)\mu_y(t)$ 当且仅当

$$\|xy\| \leqslant \|x\|\|y\| + t\|y\| + t\|x\|.$$

进而, 可知 (X, μ, T_M, T_P) 是 non-Archimedean 随机赋范代数.

定义 2.1.4 (cf. [113]). 假设 (X, μ, T, T') 和 (Y, μ, T, T') 是 non-Archimedean 随机赋范代数.

(a) 若 $f: X \to Y$ 是一 $\mathbb{R}$-线性映射, 对任意的 $x, y \in X$ 满足 $f(xy) = f(x)f(y)$, 则称映射 $f: X \to Y$ 是一同态.

（b）若 $f:X{\to}Y$ 是一 $\mathbb{R}$-线性映射，对任意的 $x,y\in X$ 满足 $f(xy)=f(x)y+xf(y)$，则称映射 $f:X{\to}Y$ 是一导子.

定义 2.1.5　（cf. [113]）. 假设 $(\mathcal{U},\mu,T,T')$ 是 non-Archimedean 随机 Banach 代数，则 $\mathcal{U}$ 上的对合是映射 $u{\to}u^*$，从 $\mathcal{U}$ 到 $\mathcal{U}$ 满足下列性质：

（I′）对任意的 $u\in\mathcal{U},u^{**}=u$；

（II′）$(\alpha u+\beta v)^*=\overline{\alpha}u^*+\overline{\beta}v^*$；

（III′）对任意的 $u,v\in\mathcal{U},(uv)^*=v^*u^*$.

此外，若对任意的 $u\in\mathcal{U}$ 和 $t>0,\mu_{u^*u}(t)=T'(\mu_u(t),\mu_u(t))$，则 $\mathcal{U}$ 是 non-Archimedean 随机 C^*-代数.

假设 $\{x_n\}$ 是 non-Archimedean 随机赋范空间 (X,μ,T) 中的序列，若存在 $x\in X$，对所有的 $t>0$ 使得 $\lim\limits_{n\to\infty}\mu_{x_n-x}(t)=1$ 成立，则称序列 $\{x_n\}$ 是收敛的. 在这种情形下，称 x 是序列 $\{x_n\}$ 的极限.

假设 $\{x_n\}$ 是 non-Archimedean 随机赋范空间 (X,μ,T) 中的序列，若对任意给定的 $\varepsilon>0$ 和 $t>0$，存在 $n_0\in\mathbb{N}$，当 $n\geqslant n_0$ 和所有的 $p>0$ 时，有 $\mu_{x_{n+p}-x_n}(t)>1-\varepsilon$ 成立，则称序列 $\{x_n\}$ 为 Cauchy 序列. 由于

$$\mu_{x_{n+p}-x_n}(t)\geqslant\min\{\mu_{x_{n+p}-x_{n+p-1}}(t),\ldots,\mu_{x_{n+1}-x_n}(t)\}.$$

因此，对任意给定的 $\varepsilon>0$ 和 $t>0$，存在 $n_0\in\mathbb{N}$，当 $n\geqslant n_0$ 时，$\mu_{x_{n+1}-x_n}(t)>1-\varepsilon$ 成立，则也称序列 $\{x_n\}$ 为 Cauchy 序列. 若 non-Archimedean 随机赋范空间 (X,μ,T) 中的任意的 Cauchy 序列都是收敛的，则称 (X,μ,T) 是完备的 non-Archimedean 随机赋范空间，且称完备的 non-Archimedean 随机赋范空间为 non-Archimedean 随机 Banach 空间.

为了内容的完整性及后续运用方便，在这里我们给出集合 Ω 上的广义度量的定义.

定义 2.1.6　假设 Ω 是一集合，函数 $d:\Omega\times\Omega{\to}[0,\infty]$ 称为 Ω 上的广义度量当且仅当 d 满足下列条件

● $d(x,y)=0$ 当且仅当 $x=y$；

- $d(x,y)=d(y,x)$, $\forall x,y \in \Omega$;

- $d(x,z) \leqslant d(x,y)+d(y,z)$, $\forall x,y,z \in \Omega$.

值得注意的是,广义度量和通常度量的区别在于前者允许包括无穷.

2003 年, V. Radu[197] 根据不动点理论中择一性定理提出了证明泛函方程的稳定性的另一种方法:不动点的择一性方法. 该方法是通过引入一个广义度量,再建立压缩算子来研究泛函方程的稳定性,且前人用此方法研究了 Cauchy 泛函方程[28]、Jensen 泛函方程[27]、二次泛函方程[102]、三次泛函方程[101,103]等相关多变量泛函方程的稳定性. 接下来,我们介绍不动点的择一性定理 2.1.1,该定理在本书中后面研究泛函方程的 Hyers-Ulam 稳定性相关结果的证明中将起到非常重要的作用.

定理 2.1.1 (cf. [42,197]). 假设 (Ω,d) 是一个完备的广义度量空间, J: $\Omega \to \Omega$ 是一个具有 Lipschitz 常数 $L<1$ 的严格压缩映射,则 $\forall x \in \Omega$,下列之一成立:

(1) $d(J^n x, J^{n+1} x) = \infty$, $\forall n \geqslant 0$.

(2) $\exists n_0 \in \mathbb{N}$ 满足 $d(J^n x, J^{n+1} x) < \infty$, $\forall n \geqslant n_0$ 且

(i) 序列 $\{J^n x\}$ 收敛于 J 的不动点 y^* ;

(ii) y^* 是集合 $\Delta = \{y \in \Omega \mid d(J^{n_0} x, y) < \infty\}$ 中 J 的唯一不动点;

(iii) $d(y,y^*) \leqslant \dfrac{1}{1-L} d(y,Jy)$, $\forall y \in \Delta$.

2.2 non-Archimedean 随机 C^*-代数上的稳定性

在本节中,假设 $\mathcal{A}$ 是具有范数 μ^A 的 non-Archimedean 随机 C^*-代数, $\mathcal{B}$ 是具有范数 μ^B 的 non-Archimedean 随机 C^*-代数. 对所有的 $x_1, \cdots, x_n \in \mathcal{A}$ 和给定映射 $f: \mathcal{A} \to \mathcal{B}$,作如下定义:

$$\mathcal{D}_{\lambda} f(x_1, \cdots, x_n) = \sum_{1 \le i < j \le n} f\left(\frac{\lambda x_i + \lambda x_j}{2} + \sum_{l=1, k_l \ne i, j}^{n-2} \lambda x_{k_l}\right) - \frac{(n-1)^2}{2} \sum_{i=1}^{n} \lambda f(x_i)$$

其中 $n \ge 3$ 是一固定整数, $\lambda \in \mathbb{T}^1 := \{\lambda \in \mathbb{C} : |\lambda| = 1\}$.

在我们讨论方程(1.3.1)在 non-Archimedean 随机 C^*-代数上的同态与导子 Hyers-Ulam 稳定性之前, 事先给出下面两个引理.

引理 2.2.1　(cf. [164]). 假设 V 和 W 是线性空间, $n \ge 3$ 是一固定整数, 映射 $f : V \to W$ 对所有的 $x_1, \cdots, x_n \in V$ 满足方程(1.3.1)当且仅当 f 是可加映射.

引理 2.2.2　(cf. [185]). 若可加映射 $f : \mathcal{A} \to \mathcal{A}$ 对所有的 $\lambda \in \mathbb{T}^1$ 和 $x \in \mathcal{A}$ 满足 $f(\lambda x) = \lambda f(x)$, 则映射 f 是 $\mathbb{C}$-线性的.

值得注意的是, 在 non-Archimedean 随机 C^*-代数中, 若 $\mathbb{C}$-线性映射 $H : \mathcal{A} \to \mathcal{B}$, 对任意的 $x, y \in \mathcal{A}$ 满足 $H(xy) = H(x)H(y)$ 和 $H(x^*) = H(x)^*$, 则称 H 是同态映射. 现在, 我们将讨论方程 $\mathcal{D}_{\lambda} f(x_1, \cdots, x_n) = 0$ 在 non-Archimedean 随机 C^*-代数上的同态 Hyers-Ulam 稳定性.

定理 2.2.1　假设映射 $f : \mathcal{A} \to \mathcal{B}$ 对所有的 $\lambda \in \mathbb{T}^1, x_1, \cdots, x_n, x, y \in \mathcal{A}$ 和 $t > 0$, 满足

$$\mu^{\mathcal{B}}_{\mathcal{D}_{\lambda}, f(x_1, \cdots, x_n)}(t) \ge \varphi_{x_1, \cdots, x_n}(t), \tag{2.2.1}$$

$$\mu^{\mathcal{B}}_{f(xy) - f(x)f(y)}(t) \ge \psi_{x, y}(t), \tag{2.2.2}$$

$$\mu^{\mathcal{B}}_{f(x^*) - f(x)^*}(t) \ge \eta_x(t), \tag{2.2.3}$$

其中函数 $\varphi : \mathcal{A}^n \to D^+, \psi : \mathcal{A}^2 \to D^+$ 和 $\eta : \mathcal{A} \to D^+$. 如果存在某常数 L 满足条件 $0 < L < 1$, 且对所有的 $x_1, \cdots, x_n, x, y \in \mathcal{A}$ 和 $t > 0$ 满足

$$\varphi_{\rho x_1, \cdots, \rho x_n}(|\rho| Lt) \ge \varphi_{x_1, \cdots, x_n}(t), \tag{2.2.4}$$

$$\psi_{\rho x, \rho y}(|\rho|^2 Lt) \ge \psi_{x, y}(t), \tag{2.2.5}$$

$$\eta_{\rho x}(|\rho| Lt) \ge \eta_x(t), \tag{2.2.6}$$

其中 $|\rho| < 1$ 且 $\rho \ne 0$, 那么存在唯一的同态 $H : \mathcal{A} \to \mathcal{B}$ 对所有的 $x \in \mathcal{A}$ 和 $t > 0$ 满足

$$\mu^{\mathcal{B}}_{f(x) - H(x)}(t) \ge \varphi_{x, \cdots, x}\left(\frac{|n||\rho|^2(1-L)}{|2|} t\right), \tag{2.2.7}$$

其中 $\rho := n-1$.

证明 取 $\lambda=1$，且在式 (2.2.1) 中取 $x_1=\cdots=x_n=x$，则对所有的 $x\in\mathcal{A}$ 和 $t>0$，我们有

$$\mu^{\mathcal{B}}_{\binom{n}{2}f((n-1)x)-\frac{n(n-1)^2}{2}f(x)}(t)\geqslant\varphi_{x,\cdots,x}(t). \tag{2.2.8}$$

从而，对所有的 $x\in\mathcal{A}$ 和 $t>0$，可以得到

$$\mu^{\mathcal{B}}_{f(x)-\frac{f(\rho x)}{\rho}}\left(\frac{|2|}{|n||\rho|^2}t\right)\geqslant\varphi_{x,\cdots,x}(t). \tag{2.2.9}$$

考虑集合 $\Omega:=\{g\,|\,g:\mathcal{A}\to\mathcal{B}\}$，且在 Ω 上引入广义度量

$$d(g,h):=\inf\left\{\delta\in\mathbb{R}_+\,\left|\,\mu^{\mathcal{B}}_{g(x)-h(x)}(\delta t)\geqslant\varphi_{x,\cdots,x}(t),\forall x\in\mathcal{A},t>0\right.\right\}.$$

易证 (Ω,d) 是完备的广义度量空间 (cf. [28,65,146]). 定义映射 $\mathcal{J}:\Omega\to\Omega$ 为

$$\mathcal{J}g(x):=\frac{1}{\rho}g(\rho x),\forall g\in\Omega,x\in\mathcal{A}. \tag{2.2.10}$$

对任意的 $g,h\in\Omega$，我们有

$$\mu^{\mathcal{B}}_{\mathcal{J}g(x)-\mathcal{J}h(x)}(L\delta t)=\mu^{\mathcal{B}}_{\frac{1}{\rho}g(\rho x)-\frac{1}{\rho}h(\rho x)}(L\delta t)=\mu^{\mathcal{B}}_{g(\rho x)-h(\rho x)}(|\rho|L\delta t)$$

$$\geqslant\varphi_{\rho x,\cdots,\rho x}(|\rho|Lt)\geqslant\varphi_{x,\cdots,x}(t)\,\forall x\in\mathcal{A},t>0. \tag{2.2.11}$$

因此，对任意的 $g,h\in\Omega$，有 $d(\mathcal{J}g,\mathcal{J}h)\leqslant Ld(g,h)$ 成立.

由式 (2.2.9) 可知，$d(f,\mathcal{J}f)\leqslant\dfrac{|2|}{|n||\rho|^2}$ 成立. 因此，根据定理 2.1.1，序列 $\mathcal{J}^mf$ 收敛于 $\mathcal{J}$ 中的不动点 H，也即对所有的 $x\in\mathcal{A}$ 满足

$$\lim_{m\to\infty}\frac{1}{|\rho|^m}f(\rho^m x)=H(x) \tag{2.2.12}$$

和

$$H(\rho x)=\rho H(x). \tag{2.2.13}$$

同时，定理 2.1.1 也保证了 H 是集合 $\Omega^*=\{g\in\Omega:d(f,g)<\infty\}$ 中 $\mathcal{J}$ 的唯一不动点. 这就可推导出 H 是满足式 (2.2.13) 唯一的映射，存在 $\delta\in\mathbb{R}_+$，使得对所有的 $x\in\mathcal{A}$ 和 $t>0$ 有

$$\mu^{\mathcal{B}}_{f(x)-H(x)}(\delta t) \geqslant \varphi_{x,\cdots,x}(t)$$

成立. 进而,我们有

$$d(f,H) \leqslant \frac{1}{1-L}d(f,\mathscr{J}f) \leqslant \frac{|2|}{|n||\rho|^{2}(1-L)}.$$

因此,这就证明式(2.2.7)成立. 由式(2.2.1)、式(2.2.4)和式(2.2.12),则对所有的 $\lambda \in \mathbb{T}^{1}, x_{1},\cdots,x_{n},x,y \in \mathcal{A}$ 和 $t>0$ 可得

$$\mu^{\mathcal{B}}_{D_{\lambda,H}(x_{1},\cdots,x_{n})}(t) = \lim_{m\to\infty}\mu^{\mathcal{B}}_{\frac{1}{\rho^{m}}D_{\lambda,f}(\rho^{m}x_{1},\cdots,\rho^{m}x_{n})}(t)$$

$$\geqslant \lim_{m\to\infty}\varphi_{\rho^{m}x_{1},\cdots,\rho^{m}x_{n}}(|\rho|^{m}t) = 1.$$

因此,对所有的 $x_{1},\cdots,x_{n} \in \mathcal{A}$ 有

$$\mathcal{D}_{\lambda,H}(x_{1},\cdots,x_{n}) = 0 \qquad\qquad (2.2.14)$$

成立. 若在式(2.2.14)中,令 $\lambda = 1$,则根据引理 2.2.1 可知,映射 H 是可加的. 在式(2.2.14)中取 $x_{1} = \cdots = x_{n} = x$,有 $H(\lambda x) = \lambda H(x)$ 成立,由引理 2.2.2 可知,可加映射 H 是 $\mathbb{C}$-线性的. 另一方面,对所有的 $x,y \in \mathcal{A}$,由式(2.2.2)、式(2.2.5)和式(2.2.12)有

$$\mu^{\mathcal{B}}_{H(xy)-H(x)H(y)}(t) = \lim_{m\to\infty}\mu^{\mathcal{B}}_{f(\rho^{2m}xy)-f(\rho^{m}x)f(\rho^{m}y)}(|\rho|^{2m}t)$$

$$\geqslant \lim_{m\to\infty}\psi_{\rho^{m}x,\rho^{m}y}(|\rho|^{2m}t) = 1.$$

所以,对所有的 $x,y \in \mathcal{A}, H(xy) = H(x)H(y)$ 成立. 因此,映射 $H:\mathcal{A}\to\mathcal{B}$ 是满足式(2.2.7)的同态. 类似地,由式(2.2.3)、式(2.2.6)和式(2.2.12),可证 $H(x^{*}) = H(x)^{*}$ 成立. 这就完成了该定理的证明.

定理 2.2.2 假设映射 $f:\mathcal{A}\to\mathcal{B}$ 对所有的 $\lambda \in \mathbb{T}^{1}, x_{1},\cdots,x_{n},x,y \in \mathcal{A}$ 和 $t>0$,满足式(2.2.1)、式(2.2.2)和式(2.2.3),其中函数 $\varphi:\mathcal{A}^{n}\to D^{+}, \psi:\mathcal{A}^{2}\to D^{+}$ 和 $\eta:\mathcal{A}\to D^{+}$. 如果存在某常数 L 满足条件 $0<L<1$,且对所有的 $x_{1},\cdots,x_{n},x,y, \in \mathcal{A}$ 和 $t>0$ 满足

$$\varphi_{\frac{x_{1}}{\rho},\cdots,\frac{x_{n}}{\rho}}\left(\frac{L}{|\rho|}t\right) \geqslant \varphi_{x_{1},\cdots,x_{n}}(t), \qquad\qquad (2.2.15)$$

$$\psi_{\frac{x}{\rho},\frac{y}{\rho}}\left(\frac{L}{|\rho|^2}t\right) \geqslant \psi_{x,y}(t), \qquad (2.2.16)$$

$$\eta_{\frac{x}{\rho}}\left(\frac{L}{|\rho|}t\right) \geqslant \eta_x(t), \qquad (2.2.17)$$

其中 $|\rho|<1$ 且 $\rho \neq 0$, 那么存在唯一的同态 $H: \mathcal{A} \to \mathcal{B}$ 对所有的 $x \in \mathcal{A}$ 和 $t>0$ 满足

$$\mu^{\mathcal{B}}_{f(x)-H(x)}(t) \geqslant \varphi_{x,\cdots,x}\left(\frac{|n||\rho|^2(1-L)}{|2|L}t\right), \qquad (2.2.18)$$

其中 $\rho := n-1$.

证明 如同定理 2.2.1 证明中定义的 Ω 和 d, (Ω, d) 是一完备的广义度量空间, 且定义映射 $\mathcal{J}: \Omega \to \Omega$ 为

$$\mathcal{J}g(x) := \rho g\left(\frac{x}{\rho}\right), \forall g \in \Omega, x \in \mathcal{A}.$$

因而, 对任意的 $g, h \in \Omega$, 容易证明 $d(\mathcal{J}g, \mathcal{J}h) \leqslant Ld(g, h)$ 成立. 对所有的 $x \in \mathcal{A}$ 和 $t>0$, 由式 (2.2.8) 和式 (2.2.15) 有

$$\mu^{\mathcal{B}}_{f(x)-\rho f\left(\frac{x}{\rho}\right)}\left(\frac{|2|L}{|n||\rho|^2}t\right) \geqslant \varphi_{\frac{x}{\rho},\cdots,\frac{x}{\rho}}\left(\frac{L}{|\rho|}t\right) \geqslant \varphi_{x,\cdots,x}(t).$$

所以, $d(f, \mathcal{J}f) \leqslant \dfrac{|2|L}{|n||\rho|^2}$ 成立. 定理中剩下部分的证明类似于定理 2.2.1 的证明方法可以得到. 因此, 这就完成了该定理的证明.

推论 2.2.1 假设 $\ell \in \{-1, 1\}$, $r \neq 1$ 和 θ 是非负实数, 映射 $f: \mathcal{A} \to \mathcal{B}$ 对所有的 $\lambda \in \mathbb{T}^1$, $x_1, \cdots, x_n, x, y \in \mathcal{A}$ 和 $t>0$ 满足

$$\mu^{\mathcal{B}}_{\mathcal{D}_\lambda f(x_1,\cdots,x_n)}(t) \geqslant \frac{t}{t + \theta(\|x_1\|^r_{\mathcal{A}} + \|x_2\|^r_{\mathcal{A}} + \cdots + \|x_n\|^r_{\mathcal{A}})},$$

$$\mu^{\mathcal{B}}_{f(xy)-f(x)f(y)}(t) \geqslant \frac{t}{t + \theta \cdot (\|x\|^r_{\mathcal{A}} \cdot \|y\|^r_{\mathcal{A}})},$$

$$\mu^{\mathcal{B}}_{f(x^*)-f(x)^*}(t) \geqslant \frac{t}{t + \theta \cdot \|x\|^r_{\mathcal{A}}}.$$

若 $\ell r > \ell$, 则存在唯一的同态 $H: \mathcal{A} \to \mathcal{B}$ 使得对所有的 $x \in \mathcal{A}$ 和 $t>0$ 有

$$\mu^{B}_{f(x)-H(x)}(t) \geqslant \frac{\ell \,|n|\,|\rho|(|\rho|-|\rho|^{r})\,t}{\ell \,|n|\,|\rho|(|\rho|-|\rho|^{r})\,t + \theta\,|2|\,|n|\,\|x\|^{r}_{\mathcal{A}}}, \quad (2.2.19)$$

其中 $\rho := n-1$.

证明　在推论 2.2.1 中, 对所有的 $x_1, \cdots, x_n, x, y \in \mathcal{A}$, 我们取

$$\varphi_{x_1, \cdots, x_n}(t) = \frac{t}{t + \theta(\|x_1\|^{r}_{\mathcal{A}} + \|x_2\|^{r}_{\mathcal{A}} + \cdots + \|x_n\|^{r}_{\mathcal{A}})}$$

$$\psi_{x,y}(t) = \frac{t}{t + \theta \cdot (\|x\|^{r}_{\mathcal{A}} \cdot \|y\|^{r}_{\mathcal{A}})}, \quad \eta_x(t) = \frac{t}{t + \theta \cdot \|x\|^{r}_{\mathcal{A}}},$$

及令 $L = |\rho|^{\ell(r-1)}$, 且应用定理 2.2.1 和定理 2.2.2, 就可以完成此推论的证明.

值得注意的是, 在 non-Archimedean 随机 C^*-代数中, 若 $\mathbb{C}$-线性映射 $\delta: \mathcal{A} \to \mathcal{A}$, 对任意的 $x, y \in \mathcal{A}$ 满足 $\delta(xy) = \delta(x)y + x\delta(y)$, 则称 δ 是导子映射. 下面, 我们将讨论方程 $\mathcal{D}_{\lambda, f}(x_1, \cdots, x_n) = 0$ 在 non-Archimedean 随机 C^*-代数上的导子 Hyers-Ulam 稳定性.

定理 2.2.3　假设映射 $f: \mathcal{A} \to \mathcal{A}$ 对所有的 $\lambda \in \mathbb{T}^1, x_1, \cdots, x_n, x, y \in \mathcal{A}$ 和 $t > 0$, 满足

$$\mu^{\mathcal{A}}_{\mathcal{D}_{\lambda, f}(x_1, \cdots, x_n)}(t) \geqslant \varphi_{x_1, \cdots, x_n}(t), \quad (2.2.20)$$

$$\mu^{\mathcal{A}}_{f(xy)-f(x)y-xf(y)}(t) \geqslant \psi_{x,y}(t), \quad (2.2.21)$$

$$\mu^{\mathcal{A}}_{f(x^*)-f(x)^*}(t) \geqslant \eta_x(t), \quad (2.2.22)$$

其中函数 $\varphi: \mathcal{A}^n \to D^+, \psi: \mathcal{A}^2 \to D^+$ 和 $\eta: \mathcal{A} \to D^+$. 如果存在某常数 L 满足条件 $0 < L < 1$, 且对所有的 $x_1, \cdots, x_n, x, y, \in \mathcal{A}$ 和 $t > 0$ 满足式 (2.2.4)、式 (2.2.5) 和式 (2.2.6), 那么存在唯一的导子 $\delta: \mathcal{A} \to \mathcal{A}$ 对所有的 $x \in \mathcal{A}$ 和 $t > 0$ 满足

$$\mu^{\mathcal{A}}_{f(x)-\delta(x)}(t) \geqslant \varphi_{x, \cdots, x}\left(\frac{|n|\,|\rho|^2(1-L)}{|2|}t\right), \quad (2.2.23)$$

其中 $\rho := n-1$.

证明　如同定理 2.2.1 的证明可知, 存在唯一的可加映射 $\delta: \mathcal{A} \to \mathcal{A}$ 满足式 (2.2.23). 于是, 可定义映射 $\delta: \mathcal{A} \to \mathcal{A}$ 为

$$\delta(x) := \lim_{m \to \infty} \frac{1}{|\rho|^m} f(\rho^m x), \forall x \in \mathcal{A}. \tag{2.2.24}$$

根据引理 2.2.2 可知,映射 δ 是 $\mathbb{C}$-线性的.

对所有的 $x, y \in \mathcal{A}$ 和 $t>0$,由式(2.2.21)和式(2.2.24)有

$$\mu^{\mathcal{A}}_{\delta(xy) - \delta(x)y - x\delta(y)}(t) = \lim_{m \to \infty} \mu^{\mathcal{A}}_{f(\rho^{2m}xy) - f(\rho^m x)\rho^m y - \rho^m x \delta(\rho^m y)}(|\rho|^{2m}t)$$

$$\geq \lim_{m \to \infty} \psi_{\rho^m x, \rho^m y}(|\rho|^{2m}t) = 1.$$

所以,我们可得

$$\delta(xy) = \delta(x)y + x\delta(y), \forall x, y \in \mathcal{A}.$$

因此,映射 $\delta: \mathcal{A} \to \mathcal{A}$ 是满足式(2.2.23)的唯一导子. 这就完成了该定理的证明.

2.3　non-Archimedean 随机 Lie C^*-代数上的稳定性

在本节中,假设 $\mathcal{C}$ 是 non-Archimedean 随机 C^*-代数,若对任意的 $x, y \in \mathcal{C}$,具有 Lie 积 $[x, y] = \frac{xy - yx}{2}$,则称 $\mathcal{C}$ 是 non-Archimedean 随机 Lie C^*-代数,且假设 $\mathcal{A}$ 是具有范数 $\mu^{\mathcal{A}}$ 的 non-Archimedean 随机 Lie C^*-代数,$\mathcal{B}$ 是具有范数 $\mu^{\mathcal{B}}$ 的 non-Archimedean 随机 Lie C^*-代数. 下面,将讨论方程 $\mathcal{D}_{\lambda} f(x_1, \cdots, x_n) = 0$ 在 non-Archimedean 随机 Lie C^*-代数上的同态 Hyers-Ulam 稳定性.

定义 2.3.1 假设 $\mathcal{A}$ 和 $\mathcal{B}$ 均是 non-Archimedean 随机 Lie C^*-代数,$\mathbb{C}$-线性映射 $H: \mathcal{A} \to \mathcal{B}$ 对所有的 $x, y \in \mathcal{A}$ 满足 $H([x, y]) = [H(x), H(y)]$,则称 H 是 Lie C^*-代数同态.

定理 2.3.1 假设映射 $f: \mathcal{A} \to \mathcal{B}$ 对所有的 $\lambda \in \mathbb{T}^1, x_1, \cdots, x_n, x, y \in \mathcal{A}$ 和 $t>0$,满足式(2.2.1)、式(2.2.3)和

$$\mu^{\mathcal{B}}_{f([x,y]) - [f(x), f(y)]}(t) \geq \psi_{x,y}(t), \tag{2.3.1}$$

其中函数 $\varphi: \mathcal{A}^n \to D^+, \psi: \mathcal{A}^2 \to D^+$ 和 $\eta: \mathcal{A} \to D^+$. 如果存在某常数 L 满足条件 $0<L<1$,

且对所有的 $x_1, \cdots, x_n, x, y, \in \mathcal{A}$ 和 $t>0$ 满足式 (2.2.4)、式 (2.2.5) 和式 (2.2.6)，那么存在唯一的同态 $H: \mathcal{A} \to \mathcal{B}$ 对所有的 $x \in \mathcal{A}$ 和 $t>0$ 满足式 (2.2.7)，其中 $\rho := n-1$.

证明　利用定理 2.2.1 同样的证明方法，可以定义映射 $H: \mathcal{A} \to \mathcal{B}$ 为

$$H(x) := \lim_{m \to \infty} \frac{1}{|\rho|^m} f(\rho^m x), \ \forall x \in \mathcal{A}. \tag{2.3.2}$$

对所有的 $x, y \in \mathcal{A}$ 和 $t>0$，由式 (2.2.5)、式 (2.3.1) 和式 (2.3.2) 有

$$\mu^{\mathcal{B}}_{H([x,y]) - [H(x), H(y)]}(t) = \lim_{m \to \infty} \mu^{\mathcal{B}}_{f(\rho^{2m}[x,y]) - [f(\rho^m x), f(\rho^m y)]}(|\rho|^{2m} t)$$

$$\geq \lim_{m \to \infty} \psi_{\rho^m x, \rho^m y}(|\rho|^{2m} t) = 1.$$

从而，我们有

$$H([x,y]) = [H(x), H(y)], \ \forall x, y \in \mathcal{A}.$$

因此，映射 $H: \mathcal{A} \to \mathcal{B}$ 是满足式 (2.2.7) 的唯一的 Lie C^*-代数同态.

定理 2.3.2　假设映射 $f: \mathcal{A} \to \mathcal{B}$ 对所有的 $\lambda \in \mathbb{T}^1, x_1, \ldots, x_n, x, y \in \mathcal{A}$ 和 $t>0$，满足式 (2.2.1)、式 (2.2.3) 和式 (2.3.1)，其中函数 $\varphi: \mathcal{A}^n \to D^+, \psi: \mathcal{A}^2 \to D^+$ 和 $\eta: \mathcal{A} \to D^+$. 如果存在某常数 L 满足条件 $0<L<1$，且对所有的 $x_1, \ldots, x_n, x, y, \in \mathcal{A}$ 和 $t>0$ 满足式 (2.2.15)、式 (2.2.16) 和式 (2.2.17)，那么存在唯一的同态 $H: \mathcal{A} \to \mathcal{B}$ 对所有的 $x \in \mathcal{A}$ 和 $t>0$ 满足式 (2.2.18)，其中 $\rho := n-1$.

证明　该定理的证明类似于定理 2.3.1 的证明，且根据定理 2.2.2 可以直接得到定理的结果.

推论 2.3.1　假设 $\ell \in \{-1, 1\}, r \neq 1$ 和 θ 是非负实数，映射 $f: \mathcal{A} \to \mathcal{B}$ 对所有的 $\lambda \in \mathbb{T}^1, x_1, \cdots, x_n, x, y \in \mathcal{A}$ 和 $t>0$ 满足

$$\mu^{\mathcal{B}}_{\mathcal{D}_{\lambda, f}(x_1, \cdots, x_n)}(t) \geq \frac{t}{t + \theta(\|x_1\|_{\mathcal{A}}^r + \|x_2\|_{\mathcal{A}}^r + \cdots + \|x_n\|_{\mathcal{A}}^r)},$$

$$\mu^{\mathcal{B}}_{([x,y]) - [f(x), f(y)]}(t) \geq \frac{t}{t + \theta \cdot (\|x\|_{\mathcal{A}}^r \cdot \|y\|_{\mathcal{A}}^r)},$$

$$\mu^{\mathcal{B}}_{f(x^*) - f(x)^*}(t) \geq \frac{t}{t + \theta \cdot \|x\|_{\mathcal{A}}^r}.$$

若 $lr>l$，则存在唯一的同态 $H:\mathcal{A}\to\mathcal{B}$ 对所有的 $x\in\mathcal{A}$ 和 $t>0$ 满足式(2.2.19).

  证明 此推论的证明类似于推论 2.2.1 的证明，且结论可直接从定理 2.3.1 和定理 2.3.2 得到.

  定义 2.3.2 假设 $\mathcal{A}$ 是 non-Archimedean 随机 Lie C^*-代数，$\mathbb{C}$-线性映射 $\delta:\mathcal{A}\to\mathcal{A}$ 对所有的 $x,y\in\mathcal{A}$ 满足 $\delta([x,y])=[\delta(x),y]+[x,\delta(y)]$，则称 δ 是 Lie 导子.

  现在，将讨论方程 $\mathcal{D}_{\lambda,f}(x_1,\cdots,x_n)=0$ 在 non-Archimedean 随机 Lie C^*-代数上的导子 Hyers-Ulam 稳定性.

  定理 2.3.3 假设映射 $f:\mathcal{A}\to\mathcal{A}$ 对所有的 $\lambda\in\mathbb{T}^1,x_1,\cdots,x_n,x,y\in\mathcal{A}$ 和 $t>0$，满足式(2.2.20)、式(2.2.22)和

$$\mu^{\mathcal{A}}_{f([x,y])-[f(x),y]-[x,f(y)]}(t)\geqslant\psi_{x,y}(t),\qquad(2.3.3)$$

其中函数 $\varphi:\mathcal{A}^n\to D^+,\psi:\mathcal{A}^2\to D^+$ 和 $\eta:\mathcal{A}\to D^+$. 如果存在某常数 L 满足条件 $0<L<1$，且对所有的 $x_1,\cdots,x_n,x,y,\in\mathcal{A}$ 和 $t>0$ 满足式(2.2.4)、式(2.2.5)和式(2.2.6)，那么存在唯一的 Lie 导子 $\delta:\mathcal{A}\to\mathcal{A}$ 对所有的 $x\in\mathcal{A}$ 和 $t>0$ 满足式(2.2.23)，其中 $\rho:=n-1$.

  证明 利用定理 2.3.1 同样的证明方法，可以定义映射 $\delta:\mathcal{A}\to\mathcal{A}$ 为

$$\delta(x):=\lim_{m\to\infty}\frac{1}{|\rho|^m}f(\rho^m x),\forall x\in\mathcal{A}.\qquad(2.3.4)$$

对所有的 $x,y\in\mathcal{A}$ 和 $t>0$，由式(2.2.5)、式(2.3.3)和式(2.3.4)有

$$\mu^{\mathcal{A}}_{\delta([x,y])-[\delta(x),y]-[x,\delta(y)]}(t)=\lim_{m\to\infty}\mu^{\mathcal{A}}_{f(\rho^{2m}[x,y])-[f(\rho^m x),\rho^m y]-[x,f(\rho^m)]}\left(|\rho|^{2m}t\right)$$

$$\geqslant\lim_{m\to\infty}\psi_{\rho^m x,\rho^m y}\left(|\rho|^{2m}t\right)=1$$

所以，我们有

$$\delta([x,y])=[\delta(x),y]+[x,\delta(y)],\forall x,y\in\mathcal{A}.$$

因此，映射 $\delta:\mathcal{A}\to\mathcal{A}$ 是满足式(2.2.23)的唯一的 Lie 导子.

  注 2.3.1 本章主要应用不动点的择一性方法讨论了更为一般的可加泛函方程的同态与导子 Hyers-Ulam 稳定性. 关于这一研究主题更深入系统的相关内容，可参考文献[77,132,177,244].

第 3 章　两类 Jensen 型二次泛函方程的稳定性

在 Jang 等人工作[75]的基础上,本章将进一步研究两类 Jensen 型二次泛函方程

$$2f\left(\frac{x+y}{2}\right) + 2f\left(\frac{x-y}{2}\right) = f(x) + f(y);\tag{3.0.1}$$

$$f(ax+ay) + f(ax-ay) = 2a^2f(x) + 2a^2f(y),\tag{3.0.2}$$

其中 a 是一非零实数,且 $a \neq \pm\frac{1}{2}$. 我们给出直觉模糊赋范空间的概念及有关结果,且在直觉模糊赋范空间上证明方程(3.0.1)和方程(3.0.2)的 Hyers-Ulam-稳定性的一些结果,从而在本章所获得的稳定性的结果是对此空间结构中的一些最近研究成果的推广.

3.1　直觉模糊赋范空间

在本节中,借助直觉模糊度量空间的思想[191,214]且在连续 t-可表示概念[66]的帮助下,我们主要介绍另一形式的直觉模糊赋范空间的定义与相关结果及例子.

引理 3.1.1 (cf. [215]). *假设集合 L^* 和序关系 $\leq_{L^*}$,若定义*

$$L^* = \left\{ (x_1, x_2) \mid (x_1, x_2) \in [0,1]^2, x_1 + x_2 \leq 1 \right\},$$

$$(x_1,x_2) \leqslant_{L^*} (y_1,y_2) \Leftrightarrow x_1 \leqslant y_1, x_2 \geqslant y_2, \forall (x_1,x_2),(y_1,y_2) \in L^*,$$

则 $(L^*, \leqslant_{L^*})$ 是一完备格. 在这里, 用 $0_{L^*} = (0,1)$ 和 $1_{L^*} = (1,0)$ 表示它的单位.

定义 3.1.1 (cf. [215]). 假设 U 是一通用集合, U 中的直觉模糊集 $\mathcal{A}_{\zeta,\eta}$ 具有如下形式: $\mathcal{A}_{\zeta,\eta} = \{(u,\zeta_A(u),\eta_A(u)) \mid u \in U\}$, 其中 $\zeta_A(u):U \to [0,1]$ 为隶属度, $\eta_A(u):U \to [0,1]$ 为非隶属度, 且满足 $\zeta_A(u) + \eta_A(u) \leqslant 1$.

定义 3.1.2 假设映射 $T = * : [0,1]^2 \to [0,1], S = \diamond : [0,1]^2 \to [0,1]$,

(1) 若对所有的 $x \in [0,1], T(1,x) = 1 * x = x$, 且 T 是递增的、可交换的与结合的, 则称 T 为 $[0,1]$ 上的三角范数.

(2) 若对所有的 $x \in [0,1], S(0,x) = 0 \diamond x = x$, 且 S 是递增的、可交换的与结合的, 则称 S 为 $[0,1]$ 上的三角余范数.

事实上, 定义 3.1.2 给出了在经典意义下的三角范数与三角余范数的概念, 该定义可以通过简单的方式推广到任意格 $(L^*, \leqslant_{L^*})$ 中.

定义 3.1.3 (cf. =[215]). 映射 $\mathcal{T} : (L^*)^2 \to L^*$ 称为三角范数 (简称 t-范数), 如果 $\mathcal{T}$ 满足下列条件:

(a) $\forall x \in L^*, \mathcal{T}(x,1_{L^*}) = x$ (有界性);

(b) $\forall (x,y) \in (L^*)^2, \mathcal{T}(x,y) = \mathcal{T}(y,x)$ (交换律);

(c) $\forall (x,y,z) \in (L^*)^3, \mathcal{T}(x,\mathcal{T}(y,z)) = \mathcal{T}(\mathcal{T}(x,y),z)$ (结合律);

(d) $\forall (x,x',y,y') \in (L^*)^4, x \leqslant_{L^*} x'$ 和 $y \leqslant_{L^*} y' \Rightarrow \mathcal{T}(x,y) \leqslant_{L^*} \mathcal{T}(x',y')$ (单调性).

定义 3.1.4 (cf. [215]). 假设 $\mathcal{T}$ 是 L^* 上的连续 t-范数, $*$ 是连续 t-范数, $\diamond$ 是连续 t-余范数, 若对所有的 $x = (x_1,x_2), y = (y_1,y_2) \in L^*$, 有 $\mathcal{T}(x,y) = (x_1 * y_1, x_2 \diamond y_2)$ 成立, 则称 $\mathcal{T}$ 是 L^* 上的连续 t-可表示.

例 3.1.1 若对任意的 $a = (a_1,a_2), b = (b_1,b_2) \in L^*$, 考虑

$$\mathcal{T}(a,b) = (a_1 b_1, \min\{a_2 + b_2, 1\}),$$

$$\mathcal{M}(a,b) = (\min\{a_1,b_1\}, \max\{a_2,b_2\}),$$

则 $\mathcal{T}(a,b)$ 和 $\mathcal{M}(a,b)$ 均是连续 t-可表示.

对于任意的 $n \geq 2$ 和 $x^{(i)} \in L^*$，取 $\mathcal{T}^1 = \mathcal{T}$ 和

$$\mathcal{T}^n(x^{(1)}, \cdots, x^{(n+1)}) = \mathcal{T}(\mathcal{T}^{n-1}(x^{(1)}, \cdots, x^{(n)}), x^{(n+1)}),$$

我们可递归地定义序列 $\mathcal{T}^n$.

定义 3.1.5　设映射 $\mathcal{N}: L^* \to L^*, N: [0,1] \to [0,1]$,

（1）若 $\mathcal{N}$ 单调递减且满足 $\mathcal{N}(0_{L^*}) = 1_{L^*}, \mathcal{N}(1_{L^*}) = 0_{L^*}$，则称 $\mathcal{N}$ 为 L^* 的补. 若对任意的 $x \in L^*$, $\mathcal{N}(\mathcal{N}(x)) = x$，则称 $\mathcal{N}$ 为 L^* 上的对合补.

（2）若 N 单调递减且满足 $N(0) = 1, N(1) = 0$，则称 N 为 $[0,1]$ 上的补. 若对任意的 $x \in [0,1]$, $N_s = 1 - x$，则称 N_s 为 $([0,1], \leq)$ 上的标准补.

定义 3.1.6　（cf. [215]）. 三元组 $(X, \mathcal{P}, \mathcal{T})$ 称为直觉模糊赋范空间（简称 IFNS），如果 X 是向量空间，$\mathcal{T}$ 是连续 t-可表示，映射 $\mathcal{P}: X \times (0, \infty) \to L^*$, 且对任意的 $x, y \in X$ 和 $t, s > 0$ 满足下列条件：

（i）$\mathcal{P}(x, t) > 0_{L^*}$;

（ii）$\mathcal{P}(x, t) = 1_{L^*}$ 当且仅当 $x = 0$;

（iii）对每个 $\alpha \neq 0, \mathcal{P}(\alpha x, t) = \mathcal{P}\left(x, \dfrac{t}{|\alpha|}\right)$;

（iv）$\mathcal{P}(x+y, t+s) \geq_{L^*} \mathcal{T}(\mathcal{P}(x, t), \mathcal{P}(y, t))$;

（v）$\mathcal{P}(x, \cdot): (0, \infty) \to L^*$ 是连续的;

（vi）$\lim_{t \to \infty} \mathcal{P}(x, t) = 1_{L^*}$.

在这种情况下，称 $\mathcal{P}$ 为 X 上的直觉模糊范数. 若直觉模糊集 $\mathcal{P}: X \times (0, \infty) \to [0,1]$ 上的隶属度 μ 和非隶属度 ν, 且对任意的 $x \in X$ 和 $t > 0$, 则有不等式

$$\mu(x, t) + \nu(x, t) \leq 1$$

成立, 且记 $\mathcal{P}_{\mu, \nu}(x, t) = (\mu(x, t), \nu(x, t))$.

例 3.1.2　（cf. [219]）. 假设 $(X, \|\cdot\|)$ 是赋范空间, 对任意的 $a = (a_1, a_2)$, $b = (b_1, b_2) \in L^*$, $\mathcal{T}(a, b) = (a_1 b_1, \min\{a_2 + b_2, 1\})$, 且对所有的 $x \in X$ 和 $t \in \mathbb{R}^+$, 考虑

$$\mathcal{P}_{\mu, \nu}(x, t) = (\mu(x, t), \nu(x, t)) = \left(\frac{t}{t + m\|x\|}, \frac{\|x\|}{t + \|x\|}\right),$$

其中 $m>1$，μ 与 ν 分别表示直觉模糊集 $\mathcal{P}_{\mu,\nu}$ 的隶属度和非隶属度，则 $(X,\mathcal{P}_{\mu,\nu},\mathcal{T})$ 是直觉模糊赋范空间. 在这里，当 $x=0$ 时，$\mu(x,t)+\nu(x,t)=1$；当 $x\neq 0$ 时，$\mu(x,t)+\nu(x,t)<1$.

引理 3.1.2 （cf. [215]）. 假设 X 是向量空间，若 $\mathcal{P}_{\mu,\nu}$ 为 X 上的直觉模糊范数，则对所有的 $x\in X$，$\mathcal{P}_{\mu,\nu}(x,t)$ 关于 t 是不减的.

在文献[214]中研究了直觉模糊赋范空间中 Cauchy 序列的概念及 Cauchy 序列的收敛.

假设 $(X,\mathcal{P}_{\mu,\nu},\mathcal{T})$ 是直觉模糊赋范空间. 称直觉模糊赋范空间 $(X,\mathcal{P}_{\mu,\nu},\mathcal{T})$ 中的序列 $\{x_n\}$ 收敛于 $x\in X$（简记 $x_n \xrightarrow{\text{IF}} x$），如果对所有的 $t>0$，有 $\lim\limits_{n\to\infty}\mathcal{P}_{\mu,\nu}(x_n-x,t)=1_{L^*}$ 成立. 称直觉模糊赋范空间 $(X,\mathcal{P}_{\mu,\nu},\mathcal{T})$ 中的序列 $\{x_n\}$ 是一个 Cauchy 序列，如果对任意的 $\varepsilon>0$ 和 $t>0$，存在 $n_0\in\mathbb{N}$，当 $n,m\geq n_0$ 时，有 $\mathcal{P}_{\mu,\nu}(x_n-x_m,t)>_{L^*}(N_s(\varepsilon),\varepsilon)$ 成立，其中 N_s 是一标准补. 称 $(X,\mathcal{P}_{\mu,\nu},\mathcal{T})$ 是完备的直觉模糊赋范空间，如果在 $(X,\mathcal{P}_{\mu,\nu},\mathcal{T})$ 中的每个 Cauchy 序列在 $(X,\mathcal{P}_{\mu,\nu},\mathcal{T})$ 中是收敛的. 称完备的直觉模糊赋范空间为直觉模糊 Banach 空间.

3.2 直觉模糊赋范空间上的稳定性

在本节中，假设 $X,(Z,\mathcal{P}'_{\mu,\nu},\mathcal{M}),(Y,\mathcal{P}_{\mu,\nu},\mathcal{M})$ 分别是线性空间、直觉模糊赋范空间与直觉模糊 Banach 空间. 下面将证明方程(3.0.1)和方程(3.0.2)在直觉模糊赋范空间上的 Hyers-Ulam 稳定性.

定理 3.2.1 假设映射 $\varphi:X\to Z$ 对所有的 $x,y\in X$ 满足

$$\varphi(3x)=\alpha\varphi(x),$$

其中对某实数 α 满足条件 $0<\alpha<9$. 若偶映射 $f:X\to Y$ 对所有的 $x,y\in X$ 和 $t,s>0$ 满足 $f(0)=0$ 和不等式

$$\mathcal{P}_{\mu,\nu}\left(2f\left(\frac{x+y}{2}\right)+2f\left(\frac{x-y}{2}\right)-f(x)-f(y),t+s\right)$$

$$\geq_{L^*} \mathcal{M}\{\mathcal{P}'_{\mu,\nu}(\varphi(x),t),\mathcal{P}'_{\mu,\nu}(\varphi(y),s)\}, \tag{3.2.1}$$

则存在唯一的二次映射 $Q:X \to Y$ 对所有的 $x \in X$ 和 $t>0$ 满足

$$\mathcal{P}_{\mu,\nu}(Q(x)-f(x),t) \geq_{L^*} \mathcal{P}''_{\mu,\nu}\left(x,\frac{(9-\alpha)t}{18}\right), \tag{3.2.2}$$

其中

$$\mathcal{P}''_{\mu,\nu}(x,t):=$$

$$\mathcal{M}^3\left\{\mathcal{P}'_{\mu,\nu}\left(\varphi(x),\frac{3}{2}t\right),\mathcal{P}'_{\mu,\nu}\left(\varphi(2x),\frac{3}{2}t\right),\mathcal{P}'_{\mu,\nu}\left(\varphi(3x),\frac{3}{2}t\right),\mathcal{P}'_{\mu,\nu}\left(\varphi(0),\frac{3}{2}t\right)\right\}.$$

证明　在式(3.2.1)中,令 $y=x$ 和 $s=t$,则对任意的 $x \in X$ 和 $t>0$,我们有

$$\mathcal{P}_{\mu,\nu}(2f(2x)+2f(-x)-f(x)-f(3x),2t)$$

$$\geq_{L^*} \mathcal{M}\{\mathcal{P}'_{\mu,\nu}(\varphi(x),t),\mathcal{P}'_{\mu,\nu}(\varphi(3x),t)\}. \tag{3.2.3}$$

在式(3.2.1)中,用 $2x,0,t$ 分别代替 x,y,s,我们可以得到

$$\mathcal{P}_{\mu,\nu}(4f(x)-f(2x),2t) \geq_{L^*} \mathcal{M}\{\mathcal{P}'_{\mu,\nu}(\varphi(2x),t),\mathcal{P}'_{\mu,\nu}(\varphi(0),t)\}. \tag{3.2.4}$$

因此,有不等式

$$\mathcal{P}_{\mu,\nu}(9f(x)-f(3x),6t) \geq_{L^*} \mathcal{M}^3\{\mathcal{P}'_{\mu,\nu}(\varphi(x),t),\mathcal{P}'_{\mu,\nu}(\varphi(2x),t),$$

$$\mathcal{P}'_{\mu,\nu}(\varphi(3x),t),\mathcal{P}'_{\mu,\nu}(\varphi(0),t)\} \tag{3.2.5}$$

成立. 所以,对任意的 $x \in X$ 和 $t>0$ 有

$$\mathcal{P}_{\mu,\nu}\left(f(x)-\frac{f(3x)}{9},t\right) \geq_{L^*} \mathcal{P}''_{\mu,\nu}(x,t), \tag{3.2.6}$$

其中

$$\mathcal{P}''_{\mu,\nu}(x,t):=\mathcal{M}^3\left\{\mathcal{P}'_{\mu,\nu}\left(\varphi(x),\frac{3}{2}t\right),\mathcal{P}'_{\mu,\nu}\left(\varphi(2x),\frac{3}{2}t\right),\mathcal{P}'_{\mu,\nu}\left(\varphi(3x),\frac{3}{2}t\right),\right.$$

$$\left.\mathcal{P}'_{\mu,\nu}\left(\varphi(0),\frac{3}{2}t\right)\right\}.$$

从而,根据假设,有等式

$$\mathcal{P}''_{\mu,\nu}(3x,t) = \mathcal{P}''_{\mu,\nu}\left(x,\frac{t}{\alpha}\right) \tag{3.2.7}$$

成立. 在式(3.2.6)中, 用$3^n x$代替x, 且由式(3.2.7)有

$$\mathcal{P}_{\mu,\nu}\left(\frac{f(3^n x)}{9^n} - \frac{f(3^{n+1} x)}{9^{n+1}}, \frac{\alpha^n t}{9^n}\right) = \mathcal{P}_{\mu,\nu}\left(f(3^n x) - \frac{f(3^{n+1} x)}{9}, \alpha^n t\right)$$

$$\geq_{L^*} \mathcal{P}''_{\mu,\nu}(3^n x, \alpha^n t) =_{L^*} \mathcal{P}''_{\mu,\nu}(x,t). \tag{3.2.8}$$

从而, 对所有的$x \in X, t>0, n$和m为非负整数, 且$n>m$, 我们可得

$$\mathcal{P}_{\mu,\nu}\left(\frac{f(3^n x)}{9^n} - \frac{f(3^m x)}{9^m}, \sum_{k=m}^{n-1} \frac{\alpha^k t}{9^k}\right) = \mathcal{P}_{\mu,\nu}\left(\sum_{k=m}^{n-1}\left[\frac{f(3^{k+1} x)}{9^{k+1}} - \frac{f(3^k x)}{9^k}\right], \sum_{k=m}^{n-1} \frac{\alpha^k t}{9^k}\right)$$

$$\geq_{L^*} \mathcal{M}^{n-m-1}\left(\mathcal{P}_{\mu,\nu}\left(\frac{f(3^{m+1} x)}{9^{m+1}} - \frac{f(3^m x)}{9^m}, \frac{\alpha^m t}{9^m}\right), \cdots, \mathcal{P}_{\mu,\nu}\left(\frac{f(3^n x)}{9^n} - \frac{f(3^{n-1} x)}{9^{n-1}}, \frac{\alpha^{n-1} t}{9^{n-1}}\right)\right)$$

$$\geq_{L^*} \mathcal{P}''_{\mu,\nu}(x,t). \tag{3.2.9}$$

所以, 对所有的$x \in X, t>0, m, n \in \mathbb{N}$且$n>m$有

$$\mathcal{P}_{\mu,\nu}\left(\frac{f(3^n x)}{9^n} - \frac{f(3^m x)}{9^m}, t\right) \geq_{L^*} \mathcal{P}''_{\mu,\nu}\left(x, \frac{t}{\sum_{k=m}^{n-1} \frac{\alpha^k}{9^k}}\right) \tag{3.2.10}$$

成立. 由于$0 < \alpha < 9$和$\sum_{k=0}^{\infty} \frac{\alpha^k}{9^k} < \infty$, 在直觉模糊赋范空间中, 由Cauchy收敛准

则, 可以证明序列$\left\{\frac{f(3^n x)}{9^n}\right\}$是$(Y, \mathcal{P}_{\mu,\nu}, \mathcal{M})$中的Cauchy序列. 由于$(Y, \mathcal{P}_{\mu,\nu},$

$\mathcal{M})$是直觉模糊Banach空间, 所以序列收敛于某点$Q(x) \in Y$. 因此, 我们可令

映射$Q: X \to Y$且定义

$$Q(x) := \lim_{n \to \infty} \frac{f(3^n x)}{9^n}. \tag{3.2.11}$$

在式(3.2.10)中取$m=0$, 则对任意的$x \in X, t>0$, 我们有

$$\mathcal{P}_{\mu,\nu}\left(\frac{f(3^n x)}{9^n} - f(x), t\right) \geq_{L^*} \mathcal{P}''_{\mu,\nu}\left(x, \frac{t}{\sum_{k=0}^{n-1} \frac{\alpha^k}{9^k}}\right). \tag{3.2.12}$$

所以有

$$\mathcal{P}_{\mu,\nu}(Q(x)-f(x),t)=\mathcal{P}_{\mu,\nu}\left(Q(x)-\frac{f(3^n x)}{9^n}+\frac{f(3^n x)}{9^n}-f(x),t\right)$$

$$\geqslant_{L^*}\mathcal{M}\left(\mathcal{P}_{\mu,\nu}\left(Q(x)-\frac{f(3^n x)}{9^n},\frac{t}{2}\right),\mathcal{P}_{\mu,\nu}\left(\frac{f(3^n x)}{9^n}-f(x),\frac{t}{2}\right)\right)$$

$$\geqslant_{L^*}\mathcal{M}\left(\mathcal{P}_{\mu,\nu}\left(Q(x)-\frac{f(3^n x)}{9^n},\frac{t}{2}\right),\mathcal{P}''_{\mu,\nu}\left(x,\frac{t}{2\sum_{k=0}^{n-1}\frac{\alpha^k}{9^k}}\right)\right). \quad (3.2.13)$$

对上式取极限,当 $n\to\infty$ 且利用式(3.2.11),则对任意的 $x\in X$ 和 $t>0$ 有

$$\mathcal{P}_{\mu,\nu}(Q(x)-f(x),t)\geqslant_{L^*}\mathcal{P}''_{\mu,\nu}\left(x,\frac{(9-\alpha)t}{18}\right),$$

这就证明了 Q 满足式(3.2.2).

现在,我们来证明映射 Q 是二次的. 取 $x,y\in Y$ 和 $t>0$,我们有

$$\mathcal{P}_{\mu,\nu}\left(2Q\left(\frac{x+y}{2}\right)+2Q\left(\frac{x-y}{2}\right)-Q(x)-Q(y),t\right)$$

$$\geqslant_{L^*}\mathcal{M}^4\left\{\mathcal{P}_{\mu,\nu}\left(2Q\left(\frac{x+y}{2}\right)-\frac{2f(3^n(x+y)/2)}{9^n},\frac{t}{5}\right),\right.$$

$$\mathcal{P}_{\mu,\nu}\left(2Q\left(\frac{x-y}{2}\right)-\frac{2f(3^n(x-y)/2)}{9^n},\frac{t}{5}\right),$$

$$\mathcal{P}_{\mu,\nu}\left(\frac{f(3^n x)}{9^n}-Q(x),\frac{t}{5}\right),\mathcal{P}_{\mu,\nu}\left(\frac{f(3^n y)}{9^n}-Q(y),\frac{t}{5}\right),$$

$$\left.\mathcal{P}_{\mu,\nu}\left(\frac{2f(3^n(x+y)/2)}{9^n}+\frac{2f(3^n(x-y)/2)}{9^n}-\frac{f(3^n x)}{9^n}-\frac{f(3^n y)}{9^n},\frac{t}{5}\right)\right\}. \quad (3.2.14)$$

当 $n\to\infty$ 时,由式(3.2.11)可知上述不等式右边前 4 项趋于 1_{L^*},且由式(3.2.1)可知最后 1 项大于或等于

$$_{L^*}\mathcal{M}\left\{\mathcal{P}'_{\mu,\nu}\left(\varphi(3^n x),\frac{9^n t}{10}\right),\mathcal{P}'_{\mu,\nu}\left(\varphi(3^n y),\frac{9^n t}{10}\right)\right\}$$

$$=_{L^*}\mathcal{M}\left\{\mathcal{P}'_{\mu,\nu}\left(\varphi(x),\left(\frac{9}{\alpha}\right)^n\frac{t}{10}\right),\mathcal{P}'_{\mu,\nu}\left(\varphi(y),\left(\frac{9}{\alpha}\right)^n\frac{t}{10}\right)\right\}, \quad (3.2.15)$$

当 $n\to\infty$ 时,式(3.2.15)趋于 1_{L^*}. 因此,对所有的 $x,y\in X$ 和 $t>0$,我们有

$$\mathcal{P}_{\mu,\nu}\left(2Q\left(\frac{x+y}{2}\right) + 2Q\left(\frac{x-y}{2}\right) - Q(x) - Q(y), t\right) = 1_{L^*}. \quad (3.2.16)$$

所以,映射 Q 满足方程(3.0.1),且映射 $Q: X \to Y$ 是二次的.

为了证明二次映射 Q 的唯一性,假设 $Q': X \to Y$ 是另一满足式(3.2.2)的二次映射. 对给定的 $x \in X$ 及 $n \in \mathbb{N}$,显然有 $Q(3^n x) = 9^n Q(x)$ 和 $Q'(3^n x) = 9^n Q'(x)$ 成立. 对所有的 $x \in X, t > 0$ 和 $n \in \mathbb{N}$,由式(3.2.2)有

$$\mathcal{P}_{\mu,\nu}(Q(x) - Q'(x), t) = \mathcal{P}_{\mu,\nu}\left(\frac{Q(3^n x)}{9^n} - \frac{Q'(3^n x)}{9^n}, t\right)$$

$$\geq_{L^*} \mathcal{M}\left\{\mathcal{P}_{\mu,\nu}\left(\frac{Q(3^n x)}{9^n} - \frac{f(3^n x)}{9^n}, \frac{t}{2}\right), \mathcal{P}_{\mu,\nu}\left(\frac{f(3^n x)}{9^n} - \frac{Q'(3^n x)}{9^n}, \frac{t}{2}\right)\right\}$$

$$\geq_{L^*} \mathcal{P}''_{\mu,\nu}\left(x, \frac{\left(\frac{9}{\alpha}\right)^n (9-\alpha)t}{36}\right). \quad (3.2.17)$$

由于 $0 < \alpha < 9$ 和 $\lim\limits_{n \to \infty}\left(\frac{9}{\alpha}\right)^n = \infty$,我们有

$$\lim\limits_{n \to \infty}{}_{L^*} \mathcal{P}''_{\mu,\nu}\left(x, \frac{\left(\frac{9}{\alpha}\right)^n (9-\alpha)t}{36}\right) = 1_{L^*}.$$

因此,对所有的 $x \in X$ 和 $t > 0$ 有等式

$$\mathcal{P}_{\mu,\nu}(Q(x) - Q'(x), t) = 1_{L^*}$$

成立. 所以,$Q(x) = Q'(x)$,从而唯一性得到了证明. 这就完成了该定理的证明.

定理 3.2.2   假设映射 $\varphi: X \to Z$ 对所有的 $x, y \in X$ 满足

$$\varphi(3x) = \alpha\varphi(x),$$

其中对某实数 α 满足条件 $\alpha > 9$. 若偶映射 $f: X \to Y$ 对所有的 $x, y \in X$ 和 $t, s > 0$ 满足 $f(0) = 0$ 和式(3.2.1),则存在唯一的二次映射 $Q: X \to Y$ 对所有的 $x \in X$ 和 $t > 0$ 满足

$$\mathcal{P}_{\mu,\nu}(Q(x) - f(x), t) \geq_{L^*} \mathcal{P}''_{\mu,\nu}\left(x, \frac{(\alpha-9)t}{2\alpha}\right), \quad (3.2.18)$$

其中

$$\mathcal{P}''_{\mu,\nu}(x,t) := \mathcal{M}^3\left\{\mathcal{P}'_{\mu,\nu}\left(\varphi\left(\frac{x}{3}\right),\frac{t}{6}\right),\mathcal{P}'_{\mu,\nu}\left(\varphi\left(\frac{2x}{3}\right),\frac{t}{6}\right),\mathcal{P}'_{\mu,\nu}\left(\varphi(x),\frac{t}{6}\right),\mathcal{P}'_{\mu,\nu}\left(\varphi(0),\frac{t}{6}\right)\right\}.$$

证明　对所有的 $x \in X$ 和 $t>0$,由式(3.2.6)有

$$\mathcal{P}_{\mu,\nu}\left(f(x) - 9f\left(\frac{x}{3}\right),t\right) \geqslant_{L^*} \mathcal{P}''_{\mu,\nu}(x,t), \qquad (3.2.19)$$

其中

$$\mathcal{P}''_{\mu,\nu}(x,t) := \mathcal{M}^3\left\{\mathcal{P}'_{\mu,\nu}\left(\varphi\left(\frac{x}{3}\right),\frac{t}{6}\right),\mathcal{P}'_{\mu,\nu}\left(\varphi\left(\frac{2x}{3}\right),\frac{t}{6}\right),\mathcal{P}'_{\mu,\nu}\left(\varphi(x),\frac{t}{6}\right),\mathcal{P}'_{\mu,\nu}\left(\varphi(0),\frac{t}{6}\right)\right\}.$$

从而,根据假设,有等式

$$\mathcal{P}''_{\mu,\nu}\left(\frac{x}{3},t\right) = \mathcal{P}''_{\mu,\nu}(x,\alpha t) \qquad (3.2.20)$$

成立. 在式(3.2.19)中用 $\dfrac{x}{3^n}$ 代替 x,且由式(3.2.19),我们可得到

$$\mathcal{P}_{\mu,\nu}\left(9^n f\left(\frac{x}{3^n}\right) - 9^{n+1} f\left(\frac{x}{3^{n+1}}\right),\frac{9^n t}{\alpha^n}\right) = \mathcal{P}_{\mu,\nu}\left(f\left(\frac{x}{3^n}\right) - 9f\left(\frac{x}{3^{n+1}}\right),\frac{t}{\alpha^n}\right)$$

$$\geqslant_{L^*} \mathcal{P}''_{\mu,\nu}\left(\frac{x}{3^n},\frac{t}{\alpha^n}\right)$$

$$=_{L^*} \mathcal{P}''_{\mu,\nu}(x,t). \qquad (3.2.21)$$

从而,对所有的 $x \in X, t>0, n$ 和 m 为非负整数,且 $n>m$,我们有

$$\mathcal{P}_{\mu,\nu}\left(9^n f\left(\frac{x}{3^n}\right) - 9^m f\left(\frac{x}{3^m}\right),\sum_{k=m}^{n-1}\frac{9^k t}{\alpha^k}\right)$$

$$= \mathcal{P}_{\mu,\nu}\left(\sum_{k=m}^{n-1}\left[9^{k+1} f\left(\frac{x}{3^{k+1}}\right) - 9^k f\left(\frac{x}{3^k}\right)\right],\sum_{k=m}^{n-1}\frac{9^k t}{\alpha^k}\right)$$

$$\geqslant_{L^*} \mathcal{M}^{n-m-1}\left(\mathcal{P}_{\mu,\nu}\left(9^{m+1} f\left(\frac{x}{3^{m+1}}\right) - 9^m f\left(\frac{x}{3^m}\right),\frac{9^m t}{\alpha^m}\right),\cdots,\right.$$

$$\left.\mathcal{P}_{\mu,\nu}\left(9^n f\left(\frac{x}{3^n}\right) - 9^{n-1} f\left(\frac{x}{3^{n-1}}\right),\frac{9^{n-1} t}{\alpha^{n-1}}\right)\right)$$

$$\geqslant_{L^*} \mathcal{P}''_{\mu,\nu}(x,t). \qquad (3.2.22)$$

所以,对所有的 $x \in X, t>0, m, n \in \mathbb{N}$ 且 $n>m$ 有

$$\mathcal{P}_{\mu,\nu}\left(9^n f\left(\frac{x}{3^n}\right) - 9^m f\left(\frac{x}{3^m}\right), t\right) \geq_{L^*} \mathcal{P}''_{\mu,\nu}\left(x, \frac{t}{\sum\limits_{k=m}^{n-1} \dfrac{9^k}{\alpha^k}}\right) \qquad (3.2.23)$$

成立. 由于 $\alpha > 9$ 和 $\sum\limits_{k=0}^{\infty} \dfrac{9^k}{\alpha^k} < \infty$,在直觉模糊赋范空间中,由 Cauchy 收敛准则,

可以证明序列 $\left\{9^n f\left(\dfrac{x}{3^n}\right)\right\}$ 是 $(Y, \mathcal{P}_{\mu,\nu}, \mathcal{M})$ 中的 Cauchy 序列. 由于 $(Y, \mathcal{P}_{\mu,\nu}, \mathcal{M})$

是直觉模糊 Banach 空间,所以序列收敛于某点 $Q(x) \in Y$. 因此,我们可令映射

$Q: X \to Y$ 且定义

$$Q(x) := \lim_{n \to \infty} 9^n f\left(\frac{x}{3^n}\right). \qquad (3.2.24)$$

在式(3.2.23)中取 $m = 0$,则对任意的 $x \in X, t > 0$ 有

$$\mathcal{P}_{\mu,\nu}\left(9^n f\left(\frac{x}{3^n}\right) - f(x), t\right) \geq_{L^*} \mathcal{P}''_{\mu,\nu}\left(x, \frac{t}{\sum\limits_{k=0}^{n-1} \dfrac{9^k}{\alpha^k}}\right). \qquad (3.2.25)$$

所以,有不等式

$$\mathcal{P}_{\mu,\nu}(Q(x) - f(x), t) = \mathcal{P}_{\mu,\nu}\left(Q(x) - 9^n f\left(\frac{x}{3^n}\right) + 9^n f\left(\frac{x}{3^n}\right) - f(x), t\right)$$

$$\geq_{L^*} \mathcal{M}\left(\mathcal{P}_{\mu,\nu}\left(Q(x) - 9^n f\left(\frac{x}{3^n}\right), \frac{t}{2}\right), \mathcal{P}_{\mu,\nu}\left(9^n f\left(\frac{x}{3^n}\right) - f(x), \frac{t}{2}\right)\right)$$

$$\geq_{L^*} \mathcal{M}\left(\mathcal{P}_{\mu,\nu}\left(Q(x) - 9^n f\left(\frac{x}{3^n}\right), \frac{t}{2}\right), \mathcal{P}''_{\mu,\nu}\left(x, \frac{t}{2\sum\limits_{k=0}^{n-1} \dfrac{9^k}{\alpha^k}}\right)\right) \qquad (3.2.26)$$

成立. 对上式取极限,当 $n \to \infty$ 且由式(3.2.24),则对任意的 $x \in X$ 和 $t > 0$ 有

$$\mathcal{P}_{\mu,\nu}(Q(x) - f(x), t) \geq_{L^*} \mathcal{P}''_{\mu,\nu}\left(x, \frac{(\alpha - 9)t}{2\alpha}\right).$$

这就证明了 Q 满足式(3.2.18). 剩下的证明类似于定理 3.2.1 的证明. 因此,这就完成了该定理的证明.

定理 3.2.3 假设映射 $\varphi: X \to Z$ 对所有的 $x, y \in X$ 满足

$$\varphi(2x) = \alpha \varphi(x),$$

其中对某实数 α 满足条件 $0<\alpha<4$. 若映射 $f:X\to Y$ 对所有的 $x,y\in X$ 和 $t,s>0$ 满足 $f(0)=0$ 和式(3.2.1),则存在唯一的二次映射 $Q:X\to Y$ 对所有的 $x\in X$ 和 $t>0$ 满足

$$\mathcal{P}_{\mu,\nu}(Q(x)-f(x),t)\geq_{L^*}\mathcal{P}''_{\mu,\nu}\left(x,\frac{(4-\alpha)t}{8}\right),\qquad(3.2.27)$$

其中 $\mathcal{P}''_{\mu,\nu}(x,t):=\mathcal{M}\{\mathcal{P}'_{\mu,\nu}(\varphi(2x),2t),\mathcal{P}'_{\mu,\nu}(\varphi(0),2t)\}$.

证明　在式(3.2.1)中,取 $y=0,s=t$ 且用 $2x$ 代替 x,则对任意的 $x\in X$ 和 $t>0$, 我们有

$$\mathcal{P}_{\mu,\nu}(4f(x)-f(2x),2t)\geq_{L^*}\mathcal{M}\{\mathcal{P}'_{\mu,\nu}(\varphi(2x),t),\mathcal{P}'_{\mu,\nu}(\varphi(0),t)\}.$$
$$(3.2.28)$$

因此,有不等式

$$\mathcal{P}_{\mu,\nu}\left(f(x)-\frac{f(2x)}{4},t\right)\geq_{L^*}\mathcal{P}''_{\mu,\nu}(x,t)\qquad(3.2.29)$$

成立,其中 $\mathcal{P}''_{\mu,\nu}(x,t):=\mathcal{M}\{\mathcal{P}'_{\mu,\nu}(\varphi(2x),2t),\mathcal{P}'_{\mu,\nu}(\varphi(0),2t)\}$. 根据假设,我们有

$$\mathcal{P}''_{\mu,\nu}(2x,t)=\mathcal{P}''_{\mu,\nu}\left(x,\frac{t}{\alpha}\right).\qquad(3.2.30)$$

在式(3.2.29)中用 $\dfrac{x}{3^n}$ 代替 x,且由式(3.2.30),我们有

$$\mathcal{P}_{\mu,\nu}\left(\frac{f(2^n x)}{4^n}-\frac{f(2^{n+1}x)}{4^{n+1}},\frac{\alpha^n t}{4^n}\right)=\mathcal{P}_{\mu,\nu}\left(f(2^n x)-\frac{f(2^{n+1}x)}{4},\alpha^n t\right)$$

$$\geq_{L^*}\mathcal{P}''_{\mu,\nu}(2^n x,\alpha^n t)=_{L^*}\mathcal{P}''_{\mu,\nu}(x,t).\qquad(3.2.31)$$

从而,对所有的 $x\in X,t>0,n$ 和 m 为非负整数,且 $n>m$,我们有

$$\mathcal{P}_{\mu,\nu}\left(\frac{f(2^n x)}{4^n}-\frac{f(2^m x)}{4^m},\sum_{k=m}^{n-1}\frac{\alpha^k t}{4^k}\right)=\mathcal{P}_{\mu,\nu}\left(\sum_{k=m}^{n-1}\left[\frac{f(2^{k+1}x)}{4^{k+1}}-\frac{f(2^k x)}{4^k}\right],\sum_{k=m}^{n-1}\frac{\alpha^k t}{4^k}\right)$$

$$\geq_{L^*}\mathcal{M}^{n-m-1}\left(\mathcal{P}_{\mu,\nu}\left(\frac{f(2^{m+1}x)}{4^{m+1}}-\frac{f(2^m x)}{4^m},\frac{\alpha^m t}{4^m}\right),\cdots,\right.$$

$$\left.\mathcal{P}_{\mu,\nu}\left(\frac{f(2^n x)}{4^n}-\frac{f(2^{n-1}x)}{4^{n-1}},\frac{\alpha^{n-1}t}{4^{n-1}}\right)\right)$$

$$\geq_{L^*}\mathcal{P}''_{\mu,\nu}(x,t).\qquad(3.2.32)$$

所以,对所有的 $x \in X, t>0, m, n \in \mathbb{N}$ 且 $n>m$,我们可推出

$$\mathcal{P}_{\mu,\nu}\left(\frac{f(2^n x)}{4^n} - \frac{f(2^m x)}{4^m}, t\right) \geqslant_{L^*} \mathcal{P}''_{\mu,\nu}\left(x, \frac{t}{\sum_{k=m}^{n-1} \frac{\alpha^k}{4^k}}\right) \qquad (3.2.33)$$

成立. 由于 $0 < \alpha < 4$ 和 $\sum\limits_{k=0}^{\infty} \frac{\alpha^k}{4^k} < \infty$,在直觉模糊赋范空间中,由 Cauchy 收敛准则,可以证明序列 $\left\{\dfrac{f(3^n x)}{9^n}\right\}$ 是 $(Y, \mathcal{P}_{\mu,\nu}, \mathcal{M})$ 中的 Cauchy 序列. 由于 $(Y, \mathcal{P}_{\mu,\nu}, \mathcal{M})$ 是直觉模糊 Banach 空间,所以序列收敛于某点 $Q(x) \in Y$. 因此,我们可令映射 $Q: X \to Y$ 且定义

$$Q(x) := \lim_{n \to \infty} \frac{f(2^n x)}{4^n}. \qquad (3.2.34)$$

在式(3.2.33)中取 $m = 0$,则对任意的 $x \in X, t>0$ 有

$$\mathcal{P}_{\mu,\nu}\left(\frac{f(2^n x)}{4^n} - f(x), t\right) \geqslant_{L^*} \mathcal{P}''_{\mu,\nu}\left(x, \frac{t}{\sum_{k=0}^{n-1} \frac{\alpha^k}{4^k}}\right). \qquad (3.2.35)$$

因此,不等式

$$\mathcal{P}_{\mu,\nu}(Q(x) - f(x), t) = \mathcal{P}_{\mu,\nu}\left(Q(x) - \frac{f(2^n x)}{4^n} + \frac{f(2^n x)}{4^n} - f(x), t\right)$$

$$\geqslant_{L^*} \mathcal{M}\left(\mathcal{P}_{\mu,\nu}\left(Q(x) - \frac{f(2^n x)}{4^n}, \frac{t}{2}\right), \mathcal{P}_{\mu,\nu}\left(\frac{f(2^n x)}{4^n} - f(x), \frac{t}{2}\right)\right)$$

$$\geqslant_{L^*} \mathcal{M}\left(\mathcal{P}_{\mu,\nu}\left(Q(x) - \frac{f(2^n x)}{4^n}, \frac{t}{2}\right), \mathcal{P}''_{\mu,\nu}\left(x, \frac{t}{2\sum_{k=0}^{n-1} \frac{\alpha^k}{4^k}}\right)\right) \qquad (3.2.36)$$

成立. 对上式取极限,当 $n \to \infty$ 且由式(3.2.34),则对任意的 $x \in X$ 和 $t>0$ 有

$$\mathcal{P}_{\mu,\nu}(Q(x) - f(x), t) \geqslant_{L^*} \mathcal{P}''_{\mu,\nu}\left(x, \frac{(4 - \alpha)t}{8}\right).$$

这就证明了 Q 满足式(3.2.27). 剩下的证明类似于定理 3.2.1 的证明. 因此,这

就完成了该定理的证明.

定理 3.2.4 假设映射 $\varphi:X \to Z$ 对所有的 $x, y \in X$ 满足

$$\varphi(2x) = \alpha\varphi(x),$$

其中对某实数 α 满足条件 $\alpha>4$. 若映射 $f:X \to Y$ 对所有的 $x, y \in X$ 和 $t, s>0$ 满足 $f(0)=0$ 和式(3.2.1),则存在唯一的二次映射 $Q:X \to Y$ 对所有的 $x \in X$ 和 $t>0$ 满足

$$\mathcal{P}_{\mu,\nu}(Q(x) - f(x), t) \geqslant_{L^*} \mathcal{P}''_{\mu,\nu}\left(x, \frac{(\alpha-4)t}{2\alpha}\right), \qquad (3.2.37)$$

其中 $\mathcal{P}''_{\mu,\nu}(x,t) := \mathcal{M}\left\{\mathcal{P}'_{\mu,\nu}(\varphi(x), \frac{t}{2}), \mathcal{P}'_{\mu,\nu}\left(\varphi(0), \frac{t}{2}\right)\right\}$.

证明 对所有的 $x \in X$ 和 $t>0$,由式(3.2.29)有

$$\mathcal{P}_{\mu,\nu}\left(f(x) - 4f\left(\frac{x}{2}\right), t\right) \geqslant_{L^*} \mathcal{P}''_{\mu,\nu}(x,t), \qquad (3.2.38)$$

其中 $\mathcal{P}''_{\mu,\nu}(x,t) := \mathcal{M}\left\{\mathcal{P}'_{\mu,\nu}\left(\varphi(x), \frac{t}{2}\right), \mathcal{P}'_{\mu,\nu}\left(\varphi(0), \frac{t}{2}\right)\right\}$. 根据假设,有等式

$$\mathcal{P}''_{\mu,\nu}\left(\frac{x}{2}, t\right) = \mathcal{P}''_{\mu,\nu}(x, \alpha t) \qquad (3.2.39)$$

成立. 在式(3.2.38)中用 $\frac{x}{2^n}$ 代替 x,且由式(3.2.39),我们可得

$$\mathcal{P}_{\mu,\nu}\left(4^n f\left(\frac{x}{2^n}\right) - 4^{n+1} f\left(\frac{x}{2^{n+1}}\right), \frac{4^n t}{\alpha^n}\right)$$

$$= \mathcal{P}_{\mu,\nu}\left(f\left(\frac{x}{2^n}\right) - 4f\left(\frac{x}{2^{n+1}}\right), \frac{t}{\alpha^n}\right) \geqslant_{L^*} \mathcal{P}''_{\mu,\nu}\left(\frac{x}{2^n}, \frac{t}{\alpha^n}\right) =_{L^*} \mathcal{P}''_{\mu,\nu}(x,t). \quad (3.2.40)$$

对所有的 $x \in X, t>0, n$ 和 m 为非负整数,且 $n>m$,可以得到

$$\mathcal{P}_{\mu,\nu}\left(4^n f\left(\frac{x}{2^n}\right) - 4^m f\left(\frac{x}{2^m}\right), \sum_{k=m}^{n-1} \frac{4^k t}{\alpha^k}\right) = \mathcal{P}_{\mu,\nu}\left(\sum_{k=m}^{n-1}\left[4^{k+1} f\left(\frac{x}{2^{k+1}}\right) - 4^k f\left(\frac{x}{2^k}\right)\right], \sum_{k=m}^{n-1} \frac{4^k t}{\alpha^k}\right)$$

$$\geqslant_{L^*} \mathcal{M}^{n-m-1}\left(\mathcal{P}_{\mu,\nu}\left(4^{m+1} f\left(\frac{x}{2^{m+1}}\right) - 4^m f\left(\frac{x}{2^m}\right), \frac{4^m t}{\alpha^m}\right), \cdots,\right.$$

$$\left.\mathcal{P}_{\mu,\nu}\left(4^n f\left(\frac{x}{2^n}\right) - 4^{n-1} f\left(\frac{x}{2^{n-1}}\right), \frac{4^{n-1} t}{\alpha^{n-1}}\right)\right)$$

$$\geqslant_{L^*} \mathcal{P}''_{\mu,\nu}(x,t). \qquad (3.2.41)$$

因此,对所有的 $x \in X, t > 0, m, n \in \mathbb{N}$ 且 $n > m$ 有

$$\mathcal{P}_{\mu,\nu}\left(4^n f\left(\frac{x}{2^n}\right) - 4^m f\left(\frac{x}{2^m}\right), t\right) \geqslant_{L^*} \mathcal{P}''_{\mu,\nu}\left(x, \frac{t}{\sum_{k=m}^{n-1} \frac{4^k}{\alpha^k}}\right) \qquad (3.2.42)$$

成立. 由于 $\alpha > 4$ 和 $\sum_{k=0}^{\infty} \frac{4^k}{\alpha^k} < \infty$,在直觉模糊赋范空间中,由 Cauchy 收敛准则,

可以证明序列 $\left\{4^n f\left(\frac{x}{2^n}\right)\right\}$ 是 $(Y, \mathcal{P}_{\mu,\nu}, \mathcal{M})$ 中的 Cauchy 序列. 由于 $(Y, \mathcal{P}_{\mu,\nu}, \mathcal{M})$

是直觉模糊 Banach 空间,所以该序列收敛于某点 $Q(x) \in Y$. 因此,我们可以令映射 $Q: X \to Y$ 且定义

$$Q(x) := \lim_{n \to \infty} 4^n f\left(\frac{x}{2^n}\right). \qquad (3.2.43)$$

在式(3.2.42)中取 $m = 0$,对任意的 $x \in X, t > 0$ 有

$$\mathcal{P}_{\mu,\nu}\left(4^n f\left(\frac{x}{2^n}\right) - f(x), t\right) \geqslant_{L^*} \mathcal{P}''_{\mu,\nu}\left(x, \frac{t}{\sum_{k=0}^{n-1} \frac{4^k}{\alpha^k}}\right). \qquad (3.2.44)$$

因此,不等式

$$\mathcal{P}_{\mu,\nu}(Q(x) - f(x), t) = \mathcal{P}_{\mu,\nu}\left(Q(x) - 4^n f\left(\frac{x}{2^n}\right) + 4^n f\left(\frac{x}{2^n}\right) - f(x), t\right)$$

$$\geqslant_{L^*} \mathcal{M}\left(\mathcal{P}_{\mu,\nu}\left(Q(x) - 4^n f\left(\frac{x}{2^n}\right), \frac{t}{2}\right), \mathcal{P}_{\mu,\nu}\left(4^n f\left(\frac{x}{2^n}\right) - f(x), \frac{t}{2}\right)\right)$$

$$\geqslant_{L^*} \mathcal{M}\left(\mathcal{P}_{\mu,\nu}\left(Q(x) - 4^n f\left(\frac{x}{2^n}\right), \frac{t}{2}\right), \mathcal{P}''_{\mu,\nu}\left(x, \frac{t}{2\sum_{k=0}^{n-1} \frac{4^k}{\alpha^k}}\right)\right) \qquad (3.2.45)$$

成立. 对上式取极限,当 $n \to \infty$ 且由式(3.2.43),则对任意的 $x \in X$ 和 $t > 0$ 有

$$\mathcal{P}_{\mu,\nu}(Q(x) - f(x), t) \geqslant_{L^*} \mathcal{P}''_{\mu,\nu}\left(x, \frac{(\alpha - 4)t}{2\alpha}\right).$$

这就证明了 Q 满足式(3.2.37). 剩下的证明类似于定理 3.2.1 的证明. 因此,这就完成了该定理的证明.

定理 3.2.5　假设映射 $\varphi : X \rightarrow Z$ 对所有的 $x, y \in X$ 满足

$$\varphi(2ax) = \alpha\varphi(x),$$

其中对某实数 α 满足条件 $0 < \alpha < 4a^2$. 若 $|2a| > 1$, 映射 $f : X \rightarrow Y$ 对所有的 $x, y \in X$ 和 $t, s > 0$ 满足 $f(0) = 0$ 和不等式

$$\mathcal{P}_{\mu,\nu}(f(ax + ay) + f(ax - ay) - 2a^2 f(x) - 2a^2 f(y), t + s)$$

$$\geqslant_{L^*} \mathcal{M}\{\mathcal{P}'_{\mu,\nu}(\varphi(x), t), \mathcal{P}'_{\mu,\nu}(\varphi(y), s)\}, \quad (3.2.46)$$

则存在唯一的二次映射 $Q : X \rightarrow Y$ 对所有的 $x \in X$ 和 $t > 0$ 满足

$$\mathcal{P}_{\mu,\nu}(Q(x) - f(x), t) \geqslant_{L^*} \mathcal{P}'_{\mu,\nu}\left(x, \frac{(4a^2 - \alpha)t}{4}\right). \quad (3.2.47)$$

证明　在式 (3.2.46) 中, 令 $y = x$ 和 $s = t$, 则对任意的 $x \in X$ 和 $t > 0$, 我们有

$$\mathcal{P}_{\mu,\nu}(f(2ax) - 4a^2 f(x), 2t) \geqslant_{L^*} \mathcal{P}'_{\mu,\nu}(\varphi(x), t). \quad (3.2.48)$$

因此, 我们可得

$$\mathcal{P}_{\mu,\nu}\left(f(x) - \frac{f(2ax)}{4a^2}, t\right) \geqslant_{L^*} \mathcal{P}'_{\mu,\nu}(\varphi(x), 2a^2 t). \quad (3.2.49)$$

在式 (3.2.49) 中, 用 $(2a)^n x$ 代替 x, 我们有

$$\mathcal{P}_{\mu,\nu}\left(\frac{f((2a)^n x)}{(2a)^{2n}} - \frac{f((2a)^{n+1} x)}{(2a)^{2n+2}}, \frac{\alpha^n t}{(2a)^{2n}}\right)$$

$$= \mathcal{P}_{\mu,\nu}\left(f((2a)^n x) - \frac{f((2a)^{n+1} x)}{4a^2}, \alpha^n t\right)$$

$$\geqslant_{L^*} \mathcal{P}'_{\mu,\nu}(\varphi(x), 2a^2 t). \quad (3.2.50)$$

从而, 对所有的 $x \in X, t > 0, m, n \in \mathbb{N}$ 且 $n > m$, 我们可以推导出

$$\mathcal{P}_{\mu,\nu}\left(\frac{f((2a)^n x)}{(2a)^{2n}} - \frac{f((2a)^m x)}{(2a)^m}, \sum_{k=m}^{n-1} \frac{\alpha^k t}{(2a)^{2k}}\right)$$

$$= \mathcal{P}_{\mu,\nu}\left(\sum_{k=m}^{n-1}\left[\frac{f((2a)^{k+1} x)}{(2a)^{2k+2}} - \frac{f((2a)^k x)}{(2a)^{2k}}\right], \sum_{k=m}^{n-1} \frac{\alpha^k t}{(2a)^{2k}}\right)$$

$$\geqslant_{L^*} \mathcal{M}^{n-m-1}\left(\mathcal{P}_{\mu,\nu}\left(\frac{f((2a)^{m+1} x)}{(2a)^{2m+2}} - \frac{f((2a)^m x)}{(2a)^{2m}}, \frac{\alpha^m t}{(2a)^{2m}}\right), \cdots,\right.$$

$$\mathcal{P}_{\mu,\nu}\left(\frac{f((2a)^n x)}{(2a)^{2n}} - \frac{f((2a)^{n-1}x)}{(2a)^{2n-2}}, \frac{\alpha^{n-1}t}{(2a)^{2n-2}}\right)$$

$$\geq_{L^*} \mathcal{P}'_{\mu,\nu}(\varphi(x), 2a^2 t). \tag{3.2.51}$$

所以,对所有的 $x \in X, t>0, m, n \in \mathbb{N}$ 且 $n>m$ 有

$$\mathcal{P}_{\mu,\nu}\left(\frac{f((2a)^n x)}{(2a)^{2n}} - \frac{f((2a)^m x)}{(2a)^m}, t\right) \geq_{L^*} \mathcal{P}'_{\mu,\nu}\left(\varphi(x), \frac{2a^2 t}{\sum_{k=m}^{n-1}\frac{\alpha^k}{(2a)^{2k}}}\right)$$

$$\tag{3.2.52}$$

成立. 由于 $0 < \alpha < 4a^2$ 和 $\sum_{k=0}^{\infty}\frac{\alpha^k}{(2a)^{2k}} < \infty$,在直觉模糊赋范空间中,由 Cauchy

收敛准则,可以证明序列 $\left\{\frac{f((2a)^n x)}{(2a)^{2n}}\right\}$ 是 $(Y, \mathcal{P}_{\mu,\nu}, \mathcal{M})$ 中的 Cauchy 序列. 由于

$(Y, \mathcal{P}_{\mu,\nu}, \mathcal{M})$ 是直觉模糊 Banach 空间,所以序列收敛于某点 $Q(x) \in Y$. 因此,

我们可令映射 $Q: X \rightarrow Y$ 且定义

$$Q(x) := \lim_{n \to \infty}\frac{f((2a)^n x)}{(2a)^{2n}}. \tag{3.2.53}$$

在式 (3.2.52) 中取 $m=0$,对任意的 $x \in X, t>0$ 有

$$\mathcal{P}_{\mu,\nu}\left(\frac{f((2a)^n x)}{(2a)^{2n}} - f(x), t\right) \geq_{L^*} \mathcal{P}'_{\mu,\nu}\left(\varphi(x), \frac{2a^2 t}{\sum_{k=0}^{n-1}\frac{\alpha^k}{(2a)^{2k}}}\right). \tag{3.2.54}$$

因此,有不等式

$$\mathcal{P}_{\mu,\nu}(Q(x) - f(x), t) = \mathcal{P}_{\mu,\nu}\left(Q(x) - \frac{f((2a)^n x)}{(2a)^{2n}} + \frac{f((2a)^n x)}{(2a)^{2n}} - f(x), t\right)$$

$$\geq_{L^*} \mathcal{M}\left(\mathcal{P}_{\mu,\nu}\left(Q(x) - \frac{f((2a)^n x)}{(2a)^{2n}}, \frac{t}{2}\right), \mathcal{P}_{\mu,\nu}\left(\frac{f((2a)^n x)}{(2a)^{2n}} - f(x), \frac{t}{2}\right)\right)$$

$$\geq_{L^*} \mathcal{M}\left(\mathcal{P}_{\mu,\nu}\left(Q(x) - \frac{f((2a)^n x)}{(2a)^{2n}}, \frac{t}{2}\right), \mathcal{P}'_{\mu,\nu}\left(\varphi(x), \frac{a^2 t}{\sum_{k=0}^{n-1}\frac{\alpha^k}{(2a)^{2k}}}\right)\right) \tag{3.2.55}$$

成立. 对上式取极限, 当 $n \to \infty$ 且由式(3.2.53), 则对任意的 $x \in X$ 和 $t>0$ 有

$$\mathcal{P}_{\mu,\nu}\big(Q(x) - f(x), t\big) \geqslant_{L^*} \mathcal{P}'_{\mu,\nu}\left(x, \frac{(4a^2 - \alpha)t}{4}\right).$$

这就证明了 Q 满足式(3.2.47). 剩下的证明类似于定理 3.2.1 的证明. 因此, 这就完成了该定理的证明.

定理 3.2.6　假设映射 $\varphi : X \to Z$ 对所有的 $x, y \in X$ 满足

$$\varphi(2ax) = \alpha\varphi(x),$$

其中对某实数 α 满足条件 $\alpha > 4a^2$. 若 $|2a| < 1$, 映射 $f : X \to Y$ 对所有的 $x, y \in X$ 和 $t, s > 0$ 满足 $f(0) = 0$ 和式(3.2.46), 则存在唯一的二次映射 $Q : X \to Y$ 对所有的 $x \in X$ 和 $t > 0$ 满足

$$\mathcal{P}_{\mu,\nu}\big(Q(x) - f(x), t\big) \geqslant_{L^*} \mathcal{P}'_{\mu,\nu}\left(x, \frac{(\alpha - 4a^2)t}{4}\right). \tag{3.2.56}$$

证明　对所有的 $x \in X$ 和 $t > 0$, 由式(3.2.48)有

$$\mathcal{P}_{\mu,\nu}\left(f(x) - (2a)^2 f\left(\frac{x}{2a}\right), 2t\right) \geqslant_{L^*} \mathcal{P}'_{\mu,\nu}\left(\varphi\left(\frac{x}{2a}\right), t\right). \tag{3.2.57}$$

所以, 我们可得到

$$\mathcal{P}_{\mu,\nu}\left(f(x) - (2a)^2 f\left(\frac{x}{2a}\right), t\right) \geqslant_{L^*} \mathcal{P}'_{\mu,\nu}\left(\varphi\left(\frac{x}{2a}\right), \frac{t}{2}\right) =_{L^*} \mathcal{P}'_{\mu,\nu}\left(\varphi(x), \frac{\alpha}{2}t\right). \tag{3.2.58}$$

在式(3.2.58)中用 $\dfrac{x}{(2a)^n}$ 代替 x, 我们有

$$\mathcal{P}_{\mu,\nu}\left((2a)^{2n} f\left(\frac{x}{(2a)^n}\right) - (2a)^{2n+2} f\left(\frac{x}{(2a)^{n+1}}\right), \frac{(2a)^{2n}t}{\alpha^n}\right)$$

$$= \mathcal{P}_{\mu,\nu}\left(f\left(\frac{x}{(2a)^n}\right) - 4a^2 f\left(\frac{x}{(2a)^{n+1}}\right), \frac{t}{\alpha^n}\right)$$

$$\geqslant_{L^*} \mathcal{P}'_{\mu,\nu}\left(\varphi(x), \frac{\alpha}{2}t\right). \tag{3.2.59}$$

从而, 对所有的 $x \in X, t > 0, m, n \in \mathbb{N}$ 且 $n > m$, 我们有

$$\mathcal{P}_{\mu,\nu}\left((2a)^{2n}f\left(\frac{x}{(2a)^n}\right) - (2a)^{2m}f\left(\frac{x}{(2a)^m}\right), \sum_{k=m}^{n-1}\frac{(2a)^{2k}t}{\alpha^k}\right)$$

$$= \mathcal{P}_{\mu,\nu}\left(\sum_{k=m}^{n-1}\left[(2a)^{2k+2}f\left(\frac{x}{(2a)^{k+1}}\right) - (2a)^{2k}f\left(\frac{x}{(2a)^k}\right)\right], \sum_{k=m}^{n-1}\frac{(2a)^{2k}t}{\alpha^k}\right)$$

$$\geqslant_{L^*} \mathcal{M}^{n-m-1}\left(\mathcal{P}_{\mu,\nu}\left((2a)^{2m+2}f\left(\frac{x}{(2a)^{m+1}}\right) - (2a)^{2m}f\left(\frac{x}{(2a)^m}\right), \frac{(2a)^{2m}t}{\alpha^m}\right), \cdots,\right.$$

$$\left.\mathcal{P}_{\mu,\nu}\left((2a)^{2n}f\left(\frac{x}{(2a)^n}\right) - (2a)^{2n-2}f\left(\frac{x}{(2a)^{n-1}}\right), \frac{(2a)^{2n-2}t}{\alpha^{n-1}}\right)\right)$$

$$\geqslant_{L^*} \mathcal{P}'_{\mu,\nu}\left(\varphi(x), \frac{\alpha}{2}t\right). \tag{3.2.60}$$

因此, 对所有的 $x \in X, t>0, m, n \in \mathbb{N}$ 且 $n>m$ 有

$$\mathcal{P}_{\mu,\nu}\left((2a)^{2n}f\left(\frac{x}{(2a)^n}\right) - (2a)^{2m}f\left(\frac{x}{(2a)^m}\right), t\right)$$

$$\geqslant_{L^*} \mathcal{P}'_{\mu,\nu}\left(\varphi(x), \frac{\alpha t}{2\sum_{k=m}^{n-1}\frac{(2a)^{2k}t}{\alpha^k}}\right) \tag{3.2.61}$$

成立. 由于 $\alpha > 4a^2$ 和 $\sum_{k=0}^{\infty}\frac{(2a)^{2k}}{\alpha^k} < \infty$, 在直觉模糊赋范空间中, 由 Cauchy 收敛

准则, 可以证明序列 $\left\{(2a)^{2n}f\left(\frac{x}{(2a)^n}\right)\right\}$ 是 $(Y, \mathcal{P}_{\mu,\nu}, \mathcal{M})$ 中的 Cauchy 序列. 由于

$(Y, \mathcal{P}_{\mu,\nu}, \mathcal{M})$ 是直觉模糊 Banach 空间, 所以该序列收敛于某点 $Q(x) \in Y$. 因

此, 我们可令映射 $Q:X \to Y$ 且定义

$$Q(x) := \lim_{n \to \infty}(2a)^{2n}f\left(\frac{x}{(2a)^n}\right). \tag{3.2.62}$$

在式 (3.2.61) 中取 $m=0$, 对任意的 $x \in X, t>0$ 有

$$\mathcal{P}_{\mu,\nu}\left((2a)^{2n}f\left(\frac{x}{(2a)^n}\right) - f(x), t\right) \geqslant_{L^*} \mathcal{P}'_{\mu,\nu}\left(\varphi(x), \frac{\alpha t}{2\sum_{k=0}^{n-1}\frac{(2a)^{2k}t}{\alpha^k}}\right). \tag{3.2.63}$$

进而, 有不等式

$$\mathcal{P}_{\mu,\nu}(Q(x) - f(x), t) = \mathcal{P}_{\mu,\nu}\left(Q(x) - (2a)^{2n}f\left(\frac{x}{(2a)^n}\right) + (2a)^{2n}f\left(\frac{x}{(2a)^n}\right) - f(x), t\right)$$

$$\geqslant_{L^*} \mathcal{M}\left(\mathcal{P}_{\mu,\nu}\left(Q(x) - (2a)^{2n}f\left(\frac{x}{(2a)^n}\right), \frac{t}{2}\right), \mathcal{P}_{\mu,\nu}\left((2a)^{2n}f\left(\frac{x}{(2a)^n}\right) - f(x), \frac{t}{2}\right)\right)$$

$$\geqslant_{L^*} \mathcal{M}\left(\mathcal{P}_{\mu,\nu}\left(Q(x) - (2a)^{2n}f\left(\frac{x}{(2a)^n}\right), \frac{t}{2}\right), \mathcal{P}'_{\mu,\nu}\left(\varphi(x), \frac{\alpha t}{4\sum_{k=0}^{n-1}\frac{(2a)^{2k}t}{\alpha^k}}\right)\right)$$

$$(3.2.64)$$

成立. 对上式取极限, 当 $n \to \infty$ 且由式 $(3.2.62)$, 则对任意的 $x \in X$ 和 $t > 0$ 有

$$\mathcal{P}_{\mu,\nu}(Q(x) - f(x), t) \geqslant_{L^*} \mathcal{P}'_{\mu,\nu}\left(x, \frac{(4a^2 - \alpha)t}{4}\right).$$

这就证明了 Q 满足式 $(3.2.56)$. 剩下的证明类似于定理 3.2.1 的证明. 因此, 这就完成了该定理的证明.

注 3.2.1　本章主要应用直接法研究了两类 Jensen 型二次泛函方程的 Hyers-Ulam 稳定性. 关于这一研究主题更深入系统的相关内容, 可参考文献 $[162, 163, 170, 240, 247]$ 及这些文献中的参考文献.

第 4 章　混合型二次与四次泛函方程的稳定性

本章在 non-Archimedean 模糊赋范空间上研究混合型二次与四次泛函方程的稳定性. 我们首先给出 non-Archimedean 域的定义, 且在 non-Archimedean 域的帮助下, 引入 non-Archimedean 模糊赋范空间的概念及相关的结果, 进而利用直接法讨论在 non-Archimedean 模糊赋范空间上的混合型二次与四次泛函方程的 Hyers-Ulam 稳定性, 并将所获得的稳定性的结果应用到 non-Archimedean 赋范空间中.

4.1　non-Archimedean 模糊赋范空间

在本节中, 我们将给出在本章中讨论混合型二次与四次泛函方程的稳定性结果时, 所要应用到的基本定义和 non-Archimedean 模糊赋范空间的概念, 并给出有关 non-Archimedean 模糊范数的例子及其他相关的结论. 为了内容的完整性, 我们在这里仍然给出 $\mathbb{K}$ 上 non-Archimedean 赋值的定义.

定义 4.1.1　（cf. [153]）. 假设 $\mathbb{K}$ 是一域, 域 $\mathbb{K}$ 上的函数 $|\cdot|:\mathbb{K}\to\mathbb{R}$ 对所有 $a,b\in\mathbb{K}$ 满足如下条件:

(1) $|a|\geqslant0$ 当且仅当 $a=0$;

(2) $|ab|=|a||b|$;

(3) $|a+b|\leqslant\max\{|a|,|b|\}$;

则称 $|\cdot|$ 为域 $\mathbb{K}$ 上的 non-Archimedean 赋值. 具有 non-Archimedean 赋值的域称为 non-Archimedean 域.

显然,对任意的非零整数 n, $|1|=|-1|=1$ 且 $|n|\leqslant 1$. 在本章中,始终假定 non-Archimedean 赋值 $|\cdot|$ 是非平凡的,即存在 $a_0\in\mathbb{K}$,使得 $|a_0|\neq 0,1$. 在 non-Archimedean 空间中最重要的例子是 p-adic 数.

例 4.1.1 (cf. [153]). 假设 p 是素数,任意的非零有理数都可以记为 $x=\dfrac{a}{b}p^r$,其中 $r\in\mathbb{Z}$, a 与 b 是都不能被 p 整除的整数(a 与 b 是互质的),定义 p-adic 赋值为 $|x|_p=p^{-r}$,则 $|\cdot|_p$ 是 $\mathbb{Q}$ 上的 non-Archimedean 范数. $\mathbb{Q}$ 相对于 $|\cdot|_p$ 的完备化空间记为 $\mathbb{Q}_p$,且 $(\mathbb{Q}_p,|\cdot|_p)$ 称为 p-adic 数域. 事实上, $\mathbb{Q}_p$ 是形式级数 $x=\sum\limits_{k\geqslant r}^{\infty}a_k p^k$ 的集合,其中 $a_k\leqslant p$-1 的整数. $\mathbb{Q}_p$ 中任意两个元素之间的加法与乘法是自然定义的. $\left|\sum\limits_{k\geqslant r}^{\infty}a_k p^k\right|_p=p^{-r}$ 为 $\mathbb{Q}_p$ 上的 non-Archimedean 范数,且使 $\mathbb{Q}_p$ 称为一个局部紧化域. 对任意的整数 n,若 $p>2$,则 $|2^n|_p=1$, $|2|_2<1$.

定义 4.1.2 (cf. [153]). 假设 $\mathbb{K}$ 是一 non-Archimedean 域, X 是域 $\mathbb{K}$ 上的一个线性空间. 函数 $N:X\times\mathbb{R}\to[0,1]$ 称为 X 上的 non-Archimedean 模糊范数,如果对任意的 $x,y\in X$ 和 $s,t\in\mathbb{R}$ 满足下列条件:

(N1) $\forall c\leqslant 0$ 时, $N(x,c)=0$;

(N2) $\forall c>0$ 时, $N(x,c)=1$ 当且仅当 $x=0$;

(N3) 若 $c\neq 0$, $c\in\mathbb{K}$,则 $N(cx,t)=N\left(x,\dfrac{t}{|c|}\right)$;

(NA4) $N(x+y,\max\{s,t\})\geqslant\min\{N(x,s),N(y,t)\}$;

(N5) $\lim\limits_{t\to\infty}N(x,t)=1$.

在这种情况下,称序对 (X,N) 为 non-Archimedean 模糊赋范空间.

显然,若(NA4)成立,则有

(N4) $N(x+y,s+t)\geqslant\min\{N(x,s),N(y,t)\}$ 成立.

容易验证,(NA4)等价于

（NA4′）$N(x+y,t) \geqslant \min\{N(x,t),N(y,t)\}$.

例 4.1.2　假设$(X,\|\cdot\|)$是 non-Archimedean 赋范空间,且$\alpha,\beta>0$,若考虑

$$N(x,t) = \begin{cases} \dfrac{\alpha t}{\alpha t + \beta\|x\|}, & t > 0, x \in X, \\ 0, & t \leqslant 0, x \in X, \end{cases}$$

则$N(x,t)$是X上的 non-Archimedean 模糊范数.

例 4.1.3　假设$(X,\|\cdot\|)$是 non-Archimedean 赋范空间,若考虑

$$N(x,t) = \begin{cases} 0, & t \leqslant \|x\|, \\ 1, & t > \|x\|, \end{cases}$$

则$N(x,t)$是X上的 non-Archimedean 模糊范数.

定义 4.1.3　假设$\{x_n\}$是 non-Archimedean 模糊赋范空间(X,N)中的一个序列,如果存在$x\in X$,对所有的$t>0$使得$\lim\limits_{n\to\infty}N(x_n-x,t)=1$成立,则称序列$\{x_n\}$收敛于$x$(或$x$是序列$\{x_n\}$的极限),记为$N\text{-}\lim x_n = x$.

定义 4.1.4　假设$\{x_n\}$是 non-Archimedean 模糊赋范空间(X,N)中的一个序列,如果对任意给定的$\varepsilon>0$和$t>0$,存在$n_0 \in \mathbb{N}$,当$n\geqslant n_0$和$p>0$时,有$N(x_{n+p}-x_n,\delta)>1-\varepsilon$成立,则称序列$\{x_n\}$为 Cauchy 序列.

由于不等式

$$N(x_{n+p} - x_n,t) \geqslant \min\{N(x_{n+p} - x_{n+p-1},t),\cdots,N(x_{n+1} - x_n,t)\}$$

成立. 称序列$\{x_n\}$为 Cauchy 序列,如果任意给定的$\varepsilon>0$和$t>0$,存在$n_0 \in \mathbb{N}$,当$n\geqslant n_0$时,有$N(x_{n+1}-x_n,\delta)>1-\varepsilon$成立. 如果 non-Archimedean 模糊赋范空间(X,N)上任意的 Cauchy 序列都是收敛的,则称(X,N)是完备的 non-Archimedean 模糊赋范空间,且称完备的 non-Archimedean 模糊赋范空间为 non-Archimedean 模糊 Banach 空间.

4.2　non-Archimedean 模糊赋范空间上的稳定性

在本节中,假设$\mathbb{K}$是 non-Archimedean 域,X是域$\mathbb{K}$上的线性空间,(Y,N)是

域 $\mathbb{K}$ 上的 non-Archimedean 模糊 Banach 空间,(Z,N') 是 non-Archimedean 赋范空间或 non-Archimedean 模糊赋范空间. 现在,我们将在 non-Archimedean 模糊赋范空间上证明混合型二次与四次泛函方程

$$f(kx + y) + f(kx - y)$$

$$= k^2 f(x + y) + k^2 f(x - y) + 2f(kx) - 2k^2 f(x) - 2(k^2 - 1)f(y) \quad (4.2.1)$$

的 Hyers-Ulam 稳定性,其中 k 为固定整数,且 $k \neq 0,\pm 1$. 容易验证函数 $f(x) = ax^4 + bx^2$ 是方程(4.2.1)的一个解. 为了方便起见,给定映射 $f : X \to Y$,对所有的 $x,y \in X$,定义泛函方程(4.2.1)的差分算子 $\Delta f : X \to Y$ 如下:

$$\Delta f(x,y) = f(kx + y) + f(kx - y) - k^2 f(x + y) - k^2 f(x - y) -$$

$$2f(kx) + 2k^2 f(x) + 2(k^2 - 1)f(y).$$

假设 V 和 W 是实线性空间,映射 $f : V \to W$ 满足

$$f(x) = A(x,x,x,x) + B(x,x), \forall x \in V,$$

其中 $A : V^4 \to W$ 是 4-可加映射,$B : V^2 \to W$ 是双可加映射,则称 $f : V \to W$ 为二次与四次映射. 下面,我们先给出引理 4.2.1,且有关引理 4.2.1 的证明可参见文献[58]中的证明.

引理 4.2.1　(cf. [58]). 设 V 和 W 是实线性空间,若映射 $f : V \to W$ 满足方程(4.2.1),则 $f : V \to W$ 是二次与四次映射.

定理 4.2.1　假设映射 $\varphi_q : X \times X \to Z$ 满足

$$N'\left(\varphi_q\left(\frac{x}{2}, \frac{y}{2}\right), t\right) \geqslant N'(\varphi_q(x,y), \alpha t), \forall x,y \in X, t > 0, \quad (4.2.2)$$

其中对某实数 $\alpha > 0$,且 $|4| < \alpha$. 若映射 $f : X \to Y$ 满足 $f(0) = 0$ 和不等式

$$N(\Delta f(x,y), t) \geqslant N'(\varphi_q(x,y), t), \forall x,y \in X, t > 0, \quad (4.2.3)$$

则存在唯一的二次映射 $Q : X \to Y$ 满足

$$N(f(2x) - 16f(x) - Q(x), t) \geqslant N_1(x, \alpha | k^4 - k^2 | t), \forall x \in X, t > 0, \quad (4.2.4)$$

其中

$$N_1(x,t) = \min\left\{N'\left(\varphi_q(0,x),\frac{1}{|2k^2|}t\right),N'\left(\varphi_q(0,x),\frac{|k^2-1|}{|4|}t\right),N'(\varphi_q(0,2x),|k^2-1|t),\right.$$

$$N'\left(\varphi_q(0,(k-1)x),\frac{|k^2-1|}{|2k^2|}t\right),N'\left(\varphi_q(0,(k-2)x),\frac{|k^2-1|}{|4k^2|}t\right),$$

$$N'\left(\varphi_q(0,(k-3)x),\frac{|k^2-1|}{|k^2|}t\right),N'\left(\varphi_q(0,kx),\frac{|k^2-1|}{|4k^2|}t\right),$$

$$N'\left(\varphi_q(0,(k+1)x),\frac{|k^2-1|}{|k^2|}t\right),N'\left(\varphi_q(x,x),\frac{1}{|16k^2-8|}t\right),$$

$$N'\left(\varphi_q(x,x),\frac{1}{|k^2|}t\right),N'\left(\varphi_q(x,2x),\frac{1}{|2(k^2-1)|}t\right),$$

$$N'\left(\varphi_q(x,2x),\frac{1}{|4k^2|}t\right),N'\left(\varphi_q(x,3x),\frac{1}{|k^2|}t\right),N'\left(\varphi_q(x,(k-1)x),\frac{1}{|4|}t\right),$$

$$N'(\varphi_q(x,(k-2)x),t),N'\left(\varphi_q(x,kx),\frac{1}{|2|}t\right),N'\left(\varphi_q(x,(k+1)x),\frac{1}{|4|}t\right),$$

$$\left.N'(\varphi_q(x,(k+2)x),t),N'\left(\varphi_q(2x,x),\frac{1}{|4|}t\right),N'(\varphi_q(2x,2x),t)\right\}.$$

证明 在式(4.2.3)中取 $x=0$,且用 x 代替 y,则有

$$N(f(x)-f(-x),t) \geqslant N'(\varphi_q(0,x),|k^2-1|t), \forall x \in X, t > 0. \quad (4.2.5)$$

在式(4.2.3)中取 $y=x$,我们可得

$$N(f((k+1)x)+f((k-1)x)-k^2f(2x)-2f(kx)+$$

$$(4k^2-2)f(x),t) \geqslant N'(\varphi_q(x,x),t), \forall x \in X, t > 0. \quad (4.2.6)$$

在式(4.2.3)中取 $y=2x$,我们有

$$N(f((k+2)x)+f((k-2)x)-k^2f(3x)-k^2f(-x)-2f(kx)+$$

$$2k^2f(x)+2(k^2-1)f(2x),t) \geqslant N'(\varphi_q(x,2x),t), \forall x \in X, t > 0. \quad (4.2.7)$$

由式(4.2.5)和式(4.2.7)有

$$N(f((k+2)x)+f((k-2)x)-k^2f(3x)-k^2f(-x)-2f(kx)+2k^2f(x)+$$

$$2(k^2-1)f(2x),t) \geqslant \min\left\{N'(\varphi_q(x,2x),t),N'\left(\varphi_q(0,x),\frac{|k^2-1|}{|k^2|}t\right)\right\}. \quad (4.2.8)$$

在式(4.2.3)中取 $y = kx$，我们有

$$N(f((k + 2)x) + f((k - 2)x) - k^2f(3x) - 2f(kx) + k^2f(x) +$$

$$2(k^2 - 2)f(2x) + 2k^2f(x), t) \geq N'(\varphi_q(x, kx), t), \forall x \in X, t > 0. \quad (4.2.9)$$

由式(4.2.5)和式(4.2.9)有

$$N(f(2kx) - k^2f((k + 1)x) - k^2f((k - 1)x) - 2(k^2 - 2)f(kx) + 2k^2f(x), t)$$

$$\geq \min\left\{N'(\varphi_q(x, kx), t), N'\left(\varphi_q(0, (k - 1)x), \frac{|k^2 - 1|}{|k^2|}t\right)\right\}. \quad (4.2.10)$$

在式(4.2.3)中取 $y = (k+1)x$，我们有

$$N(f((2k + 1)x) + f(-x) - k^2f((k + 2)x) - k^2f(-kx) - 2f(kx) + 2k^2f(x) +$$

$$2(k^2 - 1)f((k + 1)x), t) \geq N'(\varphi_q(x, (k + 1)x), t), \forall x \in X, t > 0. \quad (4.2.11)$$

由式(4.2.5)和式(4.2.11)有

$$N(f((2k + 1)x) + f(x) - k^2f((k + 2)x) - k^2f(kx) - 2f(kx) + 2k^2f(x) +$$

$$2(k^2 - 1)f((k + 1)x), t) \geq \min\left\{N'(\varphi_q(x, (k + 1)x), t),\right.$$

$$\left. N'\left(\varphi_q(0, kx), \frac{|k^2 - 1|}{|k^2|}t\right), N'(\varphi_q(0, x), |k^2 - 1|t)\right\}. \quad (4.2.12)$$

在式(4.2.3)中取 $y = (k-1)x$，我们有

$$N(f((2k - 1)x) + f(x) - k^2f((2 - k)x) - (k^2 + 2)f(kx) + 2k^2f(x) +$$

$$2(k^2 - 1)f((k - 1)x), t) \geq N'(\varphi_q(x, (k - 1)x), t), \forall x \in X, t > 0. \quad (4.2.13)$$

由式(4.2.5)和式(4.2.13)有

$$N(f((2k - 1)x) + f(x) - k^2f((k - 2)x) - (k^2 + 2)f(kx) +$$

$$2k^2f(x) + 2(k^2 - 1)f((k - 1)x), t)$$

$$\geq \min\left\{N'(\varphi_q(x, (k - 1)x), t), N'\left(\varphi_q(0, (k - 2)x), \frac{|k^2 - 1|}{|k^2|}t\right)\right\}. \quad (4.2.14)$$

在式(4.2.3)中取 $y = (k+2)x$，我们可得

$$N(f(2(k+1)x) + f(-2x) - k^2f((k+3)x) - k^2f(-(k+1)x) - 2f(kx) +$$

$$2k^2f(x) + 2(k^2-1)f((k+2)x),t)$$

$$\geq N'(\varphi_q(x,(k+2)x),t), \forall x \in X, t > 0. \tag{4.2.15}$$

由式(4.2.5)和式(4.2.15)有

$$N(f(2(k+1)x) + f(2x) - k^2f((k+3)x) - k^2f((k+1)x) -$$

$$2f(kx) + 2k^2f(x) + 2(k^2-1)f((k+2)x),t) \geq \min\Big\{ N'(\varphi_q(x,(k+2)x),t),$$

$$N'\Big(\varphi_q(0,(k+1)x),\frac{|k^2-1|}{|k^2|}t\Big), N'(\varphi_q(0,2x),|k^2-1|t)\Big\}. \tag{4.2.16}$$

在式(4.2.3)中取 $y=(k-2)x$,我们有

$$N(f(2(k-1)x) + f(2x) - k^2f((k-1)x) - k^2f(-(k-3)x) - 2f(kx) + 2k^2f(x) +$$

$$2(k^2-1)f((k-2)x),t) \geq N'(\varphi_q(x,(k-2)x),t), \forall x \in X, t > 0. \tag{4.2.17}$$

由式(4.2.5)和式(4.2.17)有

$$N(f(2(k-1)x) + f(2x) - k^2f((k-1)x) - k^2f((k-3)x) - 2f(kx) +$$

$$2k^2f(x) + 2(k^2-1)f((k-2)x),t)$$

$$\geq \min\Big\{ N'(\varphi_q(x,(k-2)x),t), N'\Big(\varphi_q(0,(k-3)x),\frac{|k^2-1|}{|k^2|}t\Big) \Big\}. \tag{4.2.18}$$

在式(4.2.3)中取 $y=3x$,我们有

$$N(f((k+3)x) + f((k-3)x) - k^2f(4x) - k^2f(-2x) - 2f(kx) + 2k^2f(x) +$$

$$2(k^2-1)f(3x),t) \geq N'(\varphi_q(x,3x),t), \forall x \in X, t > 0. \tag{4.2.19}$$

由式(4.2.5)和式(4.2.19)有

$$N(f((k+3)x) + f((k-3)x) - k^2f(4x) - k^2f(2x) - 2f(kx) +$$

$$2k^2f(x) + 2(k^2-1)f(3x),t)$$

$$\geq \min\Big\{ N'(\varphi_q(x,3x),t), N'\Big(\varphi_q(0,2x),\frac{|k^2-1|}{|k^2|}t\Big) \Big\}. \tag{4.2.20}$$

在式(4.2.3)中分别用 $2x$ 和 x 代替 x 和 y,我们可得

$$N(f((2k+1)x) + f((2k-1)x) - k^2f(3x) - 2f(2kx) +$$

$$2k^2 f(2x) + (k^2 - 2)f(x), t) \geqslant N'(\varphi_q(2x,x), t), \forall x \in X, t > 0. \quad (4.2.21)$$

在式(4.2.3)中分别用 $2x$ 和 $2y$ 代替 x 和 y，我们有

$$N(f(2(k + 1)x) + f(2(k - 1)x) - k^2 f(4x) - 2f(2kx) +$$

$$2(2k^2 - 1)f(2x), t) \geqslant N'(\varphi_q(2x,2x), t), \forall x \in X, t > 0. \quad (4.2.22)$$

由式(4.2.6)、式(4.2.8)、式(4.2.10)、式(4.2.12)、式(4.2.14)和式(4.2.21)有

$$N((k^4 - k^2)[f(3x) - 6f(2x) + 15f(x)], t)$$

$$\geqslant \min\left\{ N'\left(\varphi_q(x,2x), \frac{1}{|k^2|}t\right), N'\left(\varphi_q(0,x), \frac{|k^2 - 1|}{|k^4|}t\right), N'\left(\varphi_q(x,kx), \frac{1}{|2|}t\right), \right.$$

$$N'\left(\varphi_q(0,(k - 1)x), \frac{|k^2 - 1|}{|2k^2|}t\right), N'(\varphi_q(x,(k + 1)x), t), N'(\varphi_q(0,x), |k^2 - 1|t),$$

$$N'\left(\varphi_q(0,kx), \frac{|k^2 - 1|}{|k^2|}t\right), N'(\varphi_q(x,(k - 1)x), t), N'\left(\varphi_q(0,(k - 2)x), \frac{|k^2 - 1|}{|k^2|}t\right),$$

$$\left. N'\left(\varphi_q(x,x), \frac{1}{|4k^2 - 2|}t\right), N'(\varphi_q(2x,x), t), t)\right\}. \quad (4.2.23)$$

由式(4.2.6)、式(4.2.8)、式(4.2.10)、式(4.2.16)、式(4.2.18)、式(4.2.20)和式(4.2.22)有

$$N((k^4 - k^2)[f(4x) - 4f(3x) + 4f(2x) + 4f(x)], t)$$

$$\geqslant \min\left\{ N'\left(\varphi_q(x,2x), \frac{1}{|2(k^2 - 1)|}t\right), N'\left(\varphi_q(0,x), \frac{1}{|2k^2|}t\right), N'\left(\varphi_q(x,kx), \frac{1}{|2|}t\right), \right.$$

$$N'\left(\varphi_q(0,(k - 1)x), \frac{|k^2 - 1|}{|2k^2|}t\right), N'(\varphi_q(x,(k + 2)x), t),$$

$$N'\left(\varphi_q(0,(k + 1)x), \frac{|k^2 - 1|}{|k^2|}t\right), N'(\varphi_q(0,2x), |k^2 - 1|t),$$

$$N'(\varphi_q(x,(k - 2)x), t), N'\left(\varphi_q(0,(k - 3)x), \frac{|k^2 - 1|}{|k^2|}t\right), N'\left(\varphi_q(x,3x), \frac{1}{|k^2|}t\right),$$

$$\left. N'\left(\varphi_q(0,2x), \frac{|k^2 - 1|}{|k^4|}t\right), N'(\varphi_q(2x,2x), t), N'\left(\varphi_q(x,x), \frac{1}{|k^2|}t\right)\right\}. \quad (4.2.24)$$

由式(4.2.23)和式(4.2.24)有

$$N((k^4 - k^2)[f(4x) - 20f(2x) + 64f(x)], t) \geq N_1(x, t), \forall x \in X, t > 0,$$

$$(4.2.25)$$

其中

$$N_1(x, t) = \min\left\{ N'\left(\varphi_q(0, x), \frac{1}{|2k^2|}t\right), N'\left(\varphi_q(0, x), \frac{|k^2 - 1|}{|4|}t\right), N'\left(\varphi_q(0, 2x), |k^2 - 1|t\right), \right.$$

$$N'\left(\varphi_q(0, (k-1)x), \frac{|k^2 - 1|}{|2k^2|}t\right), N'\left(\varphi_q(0, (k-2)x), \frac{|k^2 - 1|}{|4k^2|}t\right),$$

$$N'\left(\varphi_q(0, (k-3)x), \frac{|k^2 - 1|}{|k^2|}t\right), N'\left(\varphi_q(0, kx), \frac{|k^2 - 1|}{|4k^2|}t\right),$$

$$N'\left(\varphi_q(0, (k+1)x), \frac{|k^2 - 1|}{|k^2|}t\right), N'\left(\varphi_q(x, x), \frac{1}{|16k^2 - 8|}t\right),$$

$$N'\left(\varphi_q(x, x), \frac{1}{|k^2|}t\right), N'\left(\varphi_q(x, 2x), \frac{1}{|2(k^2 - 1)|}t\right),$$

$$N'\left(\varphi_q(x, 2x), \frac{1}{|4k^2|}t\right), N'\left(\varphi_q(x, 3x), \frac{1}{|k^2|}t\right), N'\left(\varphi_q(x, (k-1)x), \frac{1}{|4|}t\right),$$

$$N'(\varphi_q(x, (k-2)x), t), N'\left(\varphi_q(x, kx), \frac{1}{|2|}t\right), N'\left(\varphi_q(x, (k+1)x), \frac{1}{|4|}t\right),$$

$$\left. N'(\varphi_q(x, (k+2)x), t), N'\left(\varphi_q(2x, x), \frac{1}{|4|}t\right), N'(\varphi_q(2x, 2x), t) \right\}.$$

因此,由式(4.2.25)可以推导出

$$N(f(4x) - 20f(2x) + 64f(x), t) \geq N_1(x, |k^4 - k^2|t), \forall x \in X, t > 0. \quad (4.2.26)$$

进而,我们令映射 $g: X \to Y$ 且定义为 $g(x) := f(2x) - 16f(x)$. 然而,由式(4.2.26)有

$$N(g(2x) - 4g(x), t) \geq N_1(x, |k^4 - k^2|t) \ \forall x \in X, t > 0. \quad (4.2.27)$$

在式(4.2.27)中用 $\frac{x}{2^{n+1}}$ 代替 x,且利用式(4.2.2),我们可得到

$$N\left(g\left(\frac{x}{2^n}\right) - 4g\left(\frac{x}{2^{n+1}}\right), t\right) \geq N_1(x, \alpha^{n+1}|k^4 - k^2|t) \ \forall x \in X, t > 0. \quad (4.2.28)$$

因此,对任意的非负整数 n,我们有

$$N\left(4^n g\left(\frac{x}{2^n}\right) - 4^{n+1} g\left(\frac{x}{2^{n+1}}\right), t\right) \geqslant N_1\left(x, \frac{\alpha^{n+1}}{|4|^n}|k^4 - k^2|t\right). \quad (4.2.29)$$

由于 $\lim\limits_{n \to \infty} N_1\left(x, \frac{\alpha^{n+1}}{|4|^n}|k^4 - k^2|t\right) = 1$,且利用式(4.2.29),我们可证明序列

$\left\{4^n g\left(\frac{x}{2^n}\right)\right\}$ 是 non-Archimedean 模糊 Banach 空间 (Y, N) 中的 Cauchy 序列. 因此,

令映射 $Q: X \to Y$ 且定义为

$$Q(x) := \lim_{n \to \infty} 4^n g\left(\frac{x}{2^n}\right), \forall x \in X. \quad (4.2.30)$$

进而,我们有

$$\lim_{n \to \infty} N\left(4^n g\left(\frac{x}{2^n}\right) - Q(x), t\right) = 1, \forall x \in X, t > 0. \quad (4.2.31)$$

对任意的 $n \geqslant 1$,这样可得

$$N\left(g(x) - 4^n g\left(\frac{x}{2^n}\right), t\right) = N\left(\sum_{i=0}^{n-1}\left[4^i g\left(\frac{x}{2^i}\right) - 4^{i+1} g\left(\frac{x}{2^{i+1}}\right)\right], t\right)$$

$$\geqslant \min \bigcup_{i=0}^{n-1}\left\{N\left(4^i g\left(\frac{x}{2^i}\right) - 4^{i+1} g\left(\frac{x}{2^{i+1}}\right), t\right)\right\}$$

$$\geqslant N_1(x, \alpha|k^4 - k^2|t), \forall x \in X, t > 0. \quad (4.2.32)$$

对任意的 $x \in X$ 和 $t > 0$,由式(4.2.31)和式(4.2.32),且对充分大的 n,我们有

$$N(g(x) - Q(x), t) \geqslant \min\left\{N\left(g(x) - 4^n g\left(\frac{x}{2^n}\right), t\right), N\left(4^n g\left(\frac{x}{2^n}\right) - Q(x), t\right)\right\}$$

$$\geqslant N_1(x, \alpha|k^4 - k^2|t), \quad (4.2.33)$$

这就证明了式(4.2.4)成立.

现在,我们来证明映射 Q 是二次的. 由式(4.2.31)有

$$\lim_{n \to \infty} N\left(4^n g\left(\frac{x}{2^{n-1}}\right) - Q(2x), t\right) = 1, \lim_{n \to \infty} N\left(Q(x) - 4^{n-1} g\left(\frac{x}{2^{n-1}}\right), t\right) = 1. \quad (4.2.34)$$

因此,有不等式

$$N(Q(2x) - 4Q(x), t) = N\left(Q(2x) - 4^n g\left(\frac{x}{2^{n-1}}\right) + 4^n g\left(\frac{x}{2^{n-1}}\right) - 4Q(x), t\right)$$

$$\geq \min\left\{N\left(Q(2x) - 4^n g\left(\frac{x}{2^{n-1}}\right), t\right), N\left(4^n g\left(\frac{x}{2^{n-1}}\right) - 4Q(x), t\right)\right\}$$

$$= \min\left\{N\left(Q(2x) - 4^n g\left(\frac{x}{2^{n-1}}\right), t\right), N\left(4^{n-1} g\left(\frac{x}{2^{n-1}}\right) - Q(x), \frac{t}{|4|}\right)\right\}$$

成立. 对上式取极限,当 $n \to \infty$ 时,且由式(4.2.34),我们可以证明上式右边趋于 1. 所以,对任意的 $x \in X$,我们可以推导出

$$Q(2x) = 4Q(x). \tag{4.2.35}$$

在式(4.2.3)中分别用 $\frac{x}{2^n}$ 和 $\frac{y}{2^n}$ 代替 x 和 y,且利用(N3),我们可得到

$$N\left(4^n \Delta f\left(\frac{x}{2^n}, \frac{y}{2^n}\right), t\right) \geq N'\left(\varphi_q\left(\frac{x}{2^n}, \frac{y}{2^n}\right), \frac{t}{|4|^n}\right), \forall x, y \in X, t > 0.$$

另一方面,对任意的 $x, y \in X$,容易证明

$$\Delta g(x, y) = \Delta f(2x, 2y) - 16\Delta f(x, y)$$

成立. 因此,我们可得到

$$N(\Delta Q(x, y), t) = N(Q(kx + y) + Q(kx - y) - k^2 Q(x + y) - k^2 Q(x - y) -$$

$$2Q(kx) + 2k^2 Q(x) + 2(k^2 - 1)Q(y), t)$$

$$= N\left(\left[Q(kx + y) - 4^n g\left(\frac{kx + y}{2^n}\right)\right] + \left[Q(kx - y) - 4^n g\left(\frac{kx - y}{2^n}\right)\right] - \right.$$

$$k^2 \left[Q(x + y) - 4^n g\left(\frac{x + y}{2^n}\right)\right] - k^2 \left[Q(x - y) - 4^n g\left(\frac{x - y}{2^n}\right)\right] -$$

$$2\left[Q(kx) - 4^n g\left(\frac{kx}{2^n}\right)\right] + 2k^2 \left[Q(x) - 4^n g\left(\frac{x}{2^n}\right)\right] +$$

$$2(k^2 - 1)\left[Q(y) - 4^n g\left(\frac{y}{2^n}\right)\right] + 4^n \left[\Delta f\left(\frac{x}{2^{n-1}}, \frac{y}{2^{n-1}}\right) - 16\Delta f\left(\frac{x}{2^n}, \frac{y}{2^n}\right)\right], t\right)$$

$$\geq \min\left\{N\left(Q(kx+y)-4^{n}g\left(\frac{kx+y}{2^{n}}\right),t\right),N\left(Q(kx-y)-4^{n}g\left(\frac{kx-y}{2^{n}}\right),t\right),\right.$$

$$N\left(Q(x+y)-4^{n}g\left(\frac{x+y}{2^{n}}\right),\frac{t}{|k^{2}|}\right),N\left(Q(x-y)-4^{n}g\left(\frac{x-y}{2^{n}}\right),\frac{t}{|k^{2}|}\right),$$

$$N\left(Q(kx)-4^{n}g\left(\frac{kx}{2^{n}}\right),\frac{t}{|2|}\right),N\left(Q(x)-4^{n}g\left(\frac{x}{2^{n}}\right),\frac{t}{|k^{2}|}\right),$$

$$\left.N\left(Q(y)-4^{n}g\left(\frac{y}{2^{n}}\right),\frac{t}{|2(k^{2}-1)|}\right),N'\left(\varphi_{q}(x,y),\frac{\alpha^{n-1}t}{|4|^{n}}\right),N'\left(\varphi_{q}(x,y),\frac{\alpha^{n}t}{|4|^{n+2}}\right)\right\}.$$

对上式取极限,由式(4.2.31)且当 $n\to\infty$ 时,可知上述不等式右边前 7 项趋于 1;而由 $|4|<\alpha$ 和(N5)且当 $n\to\infty$ 时,可知上述不等式右边第 8 与 9 项趋于 1. 因此,对任意的 $x,y\in X$ 和 $t>0,N(\Delta Q(x,y),t)=1$. 对任意的 $x,y\in X$,根据(N2),我们有

$$Q(kx+y)+Q(kx-y)-k^{2}Q(x+y)-k^{2}Q(x-y)-$$
$$2Q(kx)+2k^{2}Q(x)+2(k^{2}-1)Q(y)=0.$$

所以,映射 Q 满足方程(4.2.1). 根据引理 4.2.1,可知映射 $Q(2x)-16Q(x)$ 是二次的. 因此,由式(4.2.35)可推导出映射 $Q:X\to Y$ 是二次的.

　　为了证明二次映射 Q 的唯一性,假设存在另一二次映射 $Q':X\to Y$ 满足式(4.2.4),则对任意的 $x\in X$ 和 $t>0$ 有

$$N(Q(x)-Q'(x),t)=N(Q(x)-f(2x)+16f(x)+f(2x)-16f(x)-Q'(x),t)$$
$$\geq \min\{N(Q(x)-f(2x)+16f(x),t),N(f(2x)-16f(x)-Q'(x),t)\}$$
$$\geq N_{1}(x,\alpha|k^{4}-k^{2}|t).$$

对给定的 $x\in X$ 及 $\forall n\in \mathbb{N}$,由于 $Q'\left(\frac{x}{2^{n}}\right)=\frac{1}{4^{n}}Q'(x)$ 和 $Q\left(\frac{x}{2^{n}}\right)=\frac{1}{4^{n}}Q(x)$ 成立,所以,我们有

$$N(Q(x) - Q'(x), t) = N\left(Q\left(\frac{x}{2^n}\right) - Q'\left(\frac{x}{2^n}\right), \frac{1}{|4^n|}t\right)$$

$$\geqslant N_1\left(\frac{x}{2^n}, \frac{\alpha}{|4^n|}|k^4 - k^2|t\right)$$

$$\geqslant N_1\left(x, \frac{\alpha^{n+1}}{|4^n|}|k^4 - k^2|t\right), \forall x \in X, t > 0.$$

由于 $|4| < \alpha$ 和 $\lim\limits_{n\to\infty}\left(\frac{\alpha}{|4|}\right)^n = \infty$，所以有 $\lim\limits_{n\to\infty}N_1\left(x, \frac{\alpha^{n+1}}{|4^n|}|k^4 - k^2|t\right) = 1$. 因此，对所有

的 $x \in X$, $Q(x) = Q'(x)$. 从而唯一性得到了证明. 这就完成了该定理的证明.

定理 4.2.2 假设映射 $\varphi_t : X \times X \to Z$ 满足

$$N'\left(\varphi_t\left(\frac{x}{2}, \frac{y}{2}\right), t\right) \geqslant N'(\varphi_t(x, y), \beta t), \forall x, y \in X, t > 0, \quad (4.2.36)$$

其中对某实数 $\beta > 0$，且 $|16| < \beta$. 若映射 $f : X \to Y$ 满足 $f(0) = 0$ 和不等式

$$N(\Delta f(x, y), t) \geqslant N'(\varphi_t(x, y), t), \forall x, y \in X, t > 0, \quad (4.2.37)$$

则存在唯一的四次映射 $T : X \to Y$ 满足

$$N(f(2x) - 4f(x) - T(x), t) \geqslant N_2(x, \beta|k^4 - k^2|t), \forall x \in X, t > 0, \quad (4.2.38)$$

其中

$$N_2(x, t) = \min\left\{N'\left(\varphi_t(0, x), \frac{1}{|2k^2|}t\right), N'\left(\varphi_t(0, x), \frac{|k^2 - 1|}{|4|}t\right), N'(\varphi_t(0, 2x), |k^2 - 1|t),\right.$$

$$N'\left(\varphi_t(0, (k-1)x), \frac{|k^2 - 1|}{|2k^2|}t\right), N'\left(\varphi_t(0, (k-2)x), \frac{|k^2 - 1|}{|4k^2|}t\right),$$

$$N'\left(\varphi_t(0, (k-3)x), \frac{|k^2 - 1|}{|k^2|}t\right), N'\left(\varphi_t(0, kx), \frac{|k^2 - 1|}{|4k^2|}t\right),$$

$$N'\left(\varphi_t(0, (k+1)x), \frac{|k^2 - 1|}{|k^2|}t\right), N'\left(\varphi_t(x, x), \frac{1}{|16k^2 - 8|}t\right),$$

$$N'\left(\varphi_t(x, x), \frac{1}{|k^2|}t\right), N'\left(\varphi_t(x, 2x), \frac{1}{|2(k^2 - 1)|}t\right),$$

$$N'\left(\varphi_t(x,2x),\frac{1}{|4k^2|}t\right),N'\left(\varphi_t(x,3x),\frac{1}{|k^2|}t\right),N'\left(\varphi_t(x,(k-1)x),\frac{1}{|4|}t\right),$$

$$N'(\varphi_t(x,(k-2)x),t),N'\left(\varphi_t(x,kx),\frac{1}{|2|}t\right),N'\left(\varphi_t(x,(k+1)x),\frac{1}{|4|}t\right),$$

$$N'(\varphi_t(x,(k+2)x),t),N'\left(\varphi_t(2x,x),\frac{1}{|4|}t\right),N'(\varphi_t(2x,2x),t)\bigg\}.$$

证明　类似于定理 4. 2. 1 的证明方式,我们有

$$N(f(4x)-20f(2x)+64f(x),t)\geqslant N_2(x,|k^4-k^2|t),\forall x\in X,t>0.\quad(4.2.39)$$

进而,我们令映射 $h:X\rightarrow Y$ 且定义为 $h(x):=f(2x)-4f(x)$. 因此,对任意的 $x\in X$ 和 $t>0$,可以得到

$$N(h(2x)-16h(x),t)\geqslant N_2(x,|k^4-k^2|t).\qquad(4.2.40)$$

在式(4. 2. 40)中用 $\dfrac{x}{2^{n+1}}$ 代替 x,且利用式(4. 2. 36),我们有

$$N\left(h\left(\frac{x}{2^n}\right)-16h\left(\frac{x}{2^{n+1}}\right),t\right)\geqslant N_2(x,\beta^{n+1}|k^4-k^2|t),\forall x\in X,t>0.\quad(4.2.41)$$

所以,对任意的 $x\in X,t>0$ 和非负整数 n 有

$$N\left(16^nh\left(\frac{x}{2^n}\right)-16^{n+1}h\left(\frac{x}{2^{n+1}}\right),t\right)\geqslant N_2\left(x,\frac{\beta^{n+1}}{|16|^n}|k^4-k^2|t\right).\quad(4.2.42)$$

由于 $\lim\limits_{n\to\infty}N_2\left(x,\dfrac{\beta^{n+1}}{|16|^n}|k^4-k^2|t\right)=1$,且由式(4. 2. 42)可证明序列 $\left\{16^nh\left(\dfrac{x}{2^n}\right)\right\}$ 是 non-Archimedean 模糊 Banach 空间 (Y,N) 中的 Cauchy 序列. 因此,可定义映射 $T:X\rightarrow Y$ 为

$$T(x):=\lim_{n\to\infty}16^nh\left(\frac{x}{2^n}\right),\forall x\in X.\qquad(4.2.43)$$

进而,可以得到

$$\lim_{n\to\infty}N\left(16^nh\left(\frac{x}{2^n}\right)-T(x),t\right)=1,\forall x\in X,t>0.\qquad(4.2.44)$$

对任意的 $n \geq 1$，我们有

$$N\left(h(x) - 16^n h\left(\frac{x}{2^n}\right), t\right) = N\left(\sum_{i=0}^{n-1}\left[16^i h\left(\frac{x}{2^i}\right) - 16^{i+1} h\left(\frac{x}{2^{i+1}}\right)\right], t\right)$$

$$\geq \min_{i=0}^{n-1}\left\{N\left(16^i h\left(\frac{x}{2^i}\right) - 16^{i+1} h\left(\frac{x}{2^{i+1}}\right), t\right)\right\}$$

$$\geq N_2(x, \beta \mid k^4 - k^2 \mid t) \ \forall x \in X, t > 0. \quad (4.2.45)$$

对任意的 $x \in X, t > 0$，由式（4.2.44）和式（4.2.45），且对充分大的 n，我们有

$$N(h(x) - T(x), t) \geq \min\left\{N\left(h(x) - 16^n h\left(\frac{x}{2^n}\right), t\right), N\left(16^n h\left(\frac{x}{2^n}\right) - T(x), t\right)\right\}$$

$$\geq N_2(x, \beta \mid k^4 - k^2 \mid t), \quad\quad\quad (4.2.46)$$

这就证明了式（4.2.38）成立. 定理中剩下部分的证明类似于定理 4.2.1 的证明可以得到.

定理 4.2.3　假设映射 $\varphi: X \times X \to Z$ 满足

$$N'\left(\varphi\left(\frac{x}{2}, \frac{y}{2}\right), t\right) \geq N'(\varphi(x, y), \delta t), \ \forall x, y \in X, t > 0, \quad (4.2.47)$$

其中对某实数 $\delta > 0$，且 $|4| < \delta$. 若映射 $f: X \to Y$ 满足 $f(0) = 0$ 和不等式

$$N(\Delta f(x, y), t) \geq N'(\varphi(x, y), t), \ \forall x, y \in X, t > 0, \quad (4.2.48)$$

则存在唯一的二次映射 $Q: X \to Y$ 和唯一的四次映射 $T: X \to Y$ 满足

$$N(f(x) - Q(x) - T(x), t) \geq \tilde{N}(x, \delta \mid 12 \mid \mid k^4 - k^2 \mid t), \ \forall x \in X, t > 0, (4.2.49)$$

其中

$$\tilde{N}(x, t) = \min\left\{N'\left(\varphi(0, x), \frac{1}{\mid 2k^2 \mid} t\right), N'\left(\varphi(0, x), \frac{\mid k^2 - 1 \mid}{\mid 4 \mid} t\right), N'(\varphi(0, 2x), \mid k^2 - 1 \mid t),\right.$$

$$N'\left(\varphi(0, (k-1)x), \frac{\mid k^2 - 1 \mid}{\mid 2k^2 \mid} t\right), N'\left(\varphi(0, (k-2)x), \frac{\mid k^2 - 1 \mid}{\mid 4k^2 \mid} t\right),$$

$$N'\left(\varphi(0, (k-3)x), \frac{\mid k^2 - 1 \mid}{\mid k^2 \mid} t\right), N'\left(\varphi(0, kx), \frac{\mid k^2 - 1 \mid}{\mid 4k^2 \mid} t\right),$$

$$N'\left(\varphi(0,(k+1)x),\frac{|k^2-1|}{|k^2|}t\right),N'\left(\varphi(x,x),\frac{1}{|16k^2-8|}t\right),$$

$$N'\left(\varphi(x,x),\frac{1}{|k^2|}t\right),N'\left(\varphi(x,2x),\frac{1}{|2(k^2-1)|}t\right),$$

$$N'\left(\varphi(x,2x),\frac{1}{|4k^2|}t\right),N'\left(\varphi(x,3x),\frac{1}{|k^2|}t\right),N'\left(\varphi(x,(k-1)x),\frac{1}{|4|}t\right),$$

$$N'(\varphi(x,(k-2)x),t),N'\left(\varphi(x,kx),\frac{1}{|2|}t\right),N'\left(\varphi(x,(k+1)x),\frac{1}{|4|}t\right),$$

$$N'(\varphi(x,(k+2)x),t),N'\left(\varphi(2x,x),\frac{1}{|4|}t\right),N'(\varphi(2x,2x),t)\Bigg\}.$$

证明　显然,有 $|16|\leqslant|4|<\delta$ 成立. 根据定理 4.2.1 和定理 4.2.2 可知,存在二次映射 $Q_0:X\to Y$ 和四次映射 $T_0:X\to Y$ 对任意的 $x\in X$ 和 $t>0$ 满足

$$N(f(2x)-16f(x)-Q_0(x),t)\geqslant\tilde{N}(x,\delta|k^4-k^2|t),\quad(4.2.50)$$

$$N(f(2x)-4f(x)-T_0(x),t)\geqslant\tilde{N}(x,\delta|k^4-k^2|t).\quad(4.2.51)$$

由式(4.2.50)和式(4.2.51)有

$$N\left(f(x)+\frac{1}{12}Q_0(x)-\frac{1}{12}T_0(x),t\right)$$

$$=N\left(\frac{1}{12}[f(2x)-4f(x)-T_0(x)]-\frac{1}{12}[f(2x)-16f(x)-Q_0(x)],t\right)$$

$$\geqslant\min\left\{N\left(\frac{1}{12}[f(2x)-4f(x)-T_0(x)],t\right),N\left(\frac{1}{12}[f(2x)-16f(x)-Q_0(x)],t\right)\right\}$$

$$=\min\{N(f(2x)-4f(x)-T_0(x),|12|t),N(f(2x)-16f(x)-Q_0(x),|12|t)\}$$

$$\geqslant\tilde{N}(x,\delta|12||k^4-k^2|t).\quad(4.2.52)$$

所以,对任意的 $x\in X$,令 $Q(x)=-\dfrac{1}{12}Q_0(x)$ 和 $T(x)=\dfrac{1}{12}T_0(x)$,我们可得到式(4.2.49)成立.

为了证明映射 Q 和 T 的唯一性,假设存在另一二次映射 $Q':X\to Y$ 和四次映

射 $T':X \to Y$ 满足式 (4.2.49). 令 $\tilde{Q} = Q - Q'$ 和 $\tilde{T} = T - T'$. 所以, 对任意的 $x \in X$ 和 $t>0$ 有

$$N(\tilde{Q}(x) + \tilde{T}(x), t)$$
$$= N([Q(x) + T(x) - f(x)] + [f(x) - Q'(x) - T'(x)], t)$$
$$\geq \min\{N(f(x) - Q(x) - T(x), t), N(f(x) - Q'(x) - T'(x), t)\}$$
$$\geq \tilde{N}(x, \delta | 12 | | k^4 - k^2 | t). \tag{4.2.53}$$

由 $\tilde{Q}(2x) = 4\tilde{Q}(x)$ 和 $\tilde{T}(2x) = 16\tilde{T}(x)$, 我们可得

$$N(\tilde{T}(x), t) = N\left(\tilde{T}\left(\frac{x}{2^n}\right) + \tilde{Q}\left(\frac{x}{2^n}\right) - \tilde{Q}\left(\frac{x}{2^n}\right), \frac{t}{|16|^n}\right)$$
$$\geq \min\left\{N\left(\tilde{T}\left(\frac{x}{2^n}\right) + \tilde{Q}\left(\frac{x}{2^n}\right), \frac{t}{|16|^n}\right), N\left(\tilde{Q}\left(\frac{x}{2^n}\right), \frac{t}{|16|^n}\right)\right\}$$
$$\geq \min\left\{\tilde{N}\left(x, \frac{\delta^{n+1} | 12 |}{|16|^n} | k^4 - k^2 | t\right), N\left(\tilde{Q}(x), \frac{t}{|4|^n}\right)\right\}. \tag{4.2.54}$$

由于当 $n \to \infty$ 时, 上不等式右边趋于 1, 我们可推出 $\tilde{T}(x) = 0$. 因此, 我们可得 $\tilde{T} = 0$, 从而 $\tilde{Q} = 0$. 这就完成了该定理的证明.

4.3　稳定性结果的应用

假设 $\mathbb{K}$ 是 non-Archimedean 域, (Y, N) 是域 $\mathbb{K}$ 上完备的 non-Archimedean 赋范空间. 在本节中, 将本章第 4.2 节中所获得的相关稳定性定理的结果, 应用到 non-Archimedean 赋范空间上进一步讨论方程 (4.2.1) 的 Hyers-Ulam 稳定性.

定理 4.3.1　假设 X 是 $\mathbb{K}$ 上的线性空间, 映射 $\varphi_q : X \times X \to [0, \infty)$ 满足

$$\varphi_q\left(\frac{x}{2}, \frac{y}{2}\right) \leq \frac{1}{\alpha} \varphi_q(x, y), \quad \forall x, y \in X, \tag{4.3.1}$$

其中对某实数 $\alpha>0$，且 $|4|<\alpha$. 若映射 $f{:}X{\to}Y$ 满足 $f(0)=0$ 和不等式

$$\|\Delta f(x,y)\|_Y \le \varphi_q(x,y)，\forall x,y \in X，\qquad (4.3.2)$$

则存在唯一的二次映射 $Q{:}X{\to}Y$ 满足

$$\|f(2x)-16f(x)-Q(x)\|_Y \le \frac{1}{\alpha}M_q(x)，\forall x \in X，\qquad (4.3.3)$$

其中

$$M_q(x) = \frac{1}{|k^4-k^2|}\max\left\{ |2k^2|\varphi_q(0,x),\frac{|4|}{|k^2-1|}\varphi_q(0,x),\frac{1}{|k^2-1|}\varphi_q(0,2x),\right.$$

$$\frac{|2k^2|}{|k^2-1|}\varphi_q(0,(k-1)x),\frac{|4k^2|}{|k^2-1|}\varphi_q(0,(k-2)x),$$

$$\frac{|k^2|}{|k^2-1|}\varphi_q(0,(k-3)x),\frac{|4k^2|}{|k^2-1|}\varphi_q(0,kx),|16k^2-8|\varphi_q(x,x),$$

$$|k^2|\varphi_q(x,x),|2(k^2-1)|\varphi_q(x,2x),|4k^2|\varphi_q(x,2x),|k^2|\varphi_q(x,3x),$$

$$|4|\varphi_q(x,(k-1)x),\varphi_q(x,(k-2)x),|2|\varphi_q(x,kx),|4|\varphi_q(x,(k+1)x),$$

$$\left.\varphi_q(x,(k+2)x),|4|\varphi_q(2x,x),\varphi_q(2x,2x),\frac{|k^2|}{|k^2-1|}\varphi_q(0,(k+1)x)\right\}.$$

证明　令 $Z=\mathbb{R}$，且定义

$$N'(x,t)=\begin{cases}\dfrac{\lambda t}{\lambda t+\mu|x|}, & t>0,x\in\mathbb{R},\\[2mm] 0, & t\le 0,x\in\mathbb{R},\end{cases}$$

和

$$N(y,t)=\begin{cases}\dfrac{\lambda t}{\lambda t+\mu\|y\|_Y}, & t>0,y\in Y,\\[2mm] 0, & t\le 0,y\in Y,\end{cases}$$

其中 $\lambda,\mu>0$，则 N 是 Y 上的 non-Archimedean 模糊范数，N' 是 $\mathbb{R}$ 上的模糊范数. 根据定理 4.2.1，我们可以证明此定理的结论成立.

推论 4.3.1　假设 $(X,\|\cdot\|_X)$ 是 $\mathbb{K}$ 上的 non-Archimedean 赋范空间，$\theta>0,0\le$

$r<2$，$|2|<1$. 若映射 $f:X\rightarrow Y$ 满足 $f(0)=0$ 和不等式

$$\|\Delta f(x,y)\|_Y \leqslant \theta(\|x\|_X^r + \|y\|_X^r), \forall x,y \in X, \qquad (4.3.4)$$

则存在唯一的二次映射 $Q:X\rightarrow Y$ 满足

$$\|f(2x) - 16f(x) - Q(x)\|_Y \leqslant \frac{\theta\|x\|_X^r}{|k^4 - k^2||2|^r}\max\left\{2, \frac{1}{|k^2-1|}\right\}, \forall x \in X.$$

$$(4.3.5)$$

证明 考虑映射 $\varphi_q:X\times X\rightarrow[0,\infty)$，对所有的 $x,y \in X$，取 $\varphi_q(x,y)=\theta(\|x\|_X^r + \|y\|_X^r)$，且在定理 4.3.1 中取 $\alpha=|2|^r$，我们就可以得到此推论的结论.

推论 4.3.2 假设 $(X, \|\cdot\|_X)$ 是 $\mathbb{K}$ 上的 non-Archimedean 赋范空间，$\theta>0$，$|2|<1$. 若映射 $f:X\rightarrow Y$ 满足 $f(0)=0$ 和不等式

$$\|\Delta f(x,y)\|_Y \leqslant \theta[\|x\|_X^r\|y\|_X^s + (\|x\|_X^{r+s} + \|y\|_X^{r+s})], \forall x,y \in X, \qquad (4.3.6)$$

其中 r,s 为非负实数，且 $\lambda:=r+s<2$，则存在唯一的二次映射 $Q:X\rightarrow Y$ 满足

$$\|f(2x) - 16f(x) - Q(x)\|_Y \leqslant \frac{\theta\|x\|_X^\lambda}{|k^4 - k^2||2|^\lambda}\max\left\{3, \frac{1}{|k^2-1|}\right\}, \forall x \in X.$$

$$(4.3.7)$$

证明 考虑映射 $\varphi_q:X\times X\rightarrow[0,\infty)$，对所有的 $x,y \in X$，取 $\varphi_q(x,y)=\theta[\|x\|_X^r\|y\|_X^s+(\|x\|_X^{r+s}+\|y\|_X^{r+s})]$，且在定理 4.3.1 中取 $\alpha=|2|^\lambda$，这样我们就可以直接得到此推论的结论.

例 4.3.1 (cf. [148]). 假设 $p>2$ 是一素数，$f:\mathbb{Q}_p\rightarrow\mathbb{Q}_p$ 且定义为 $f(x)=2$. 根据例 4.1.1，对任意的 $n\in\mathbb{Z}$ 有 $|2^n|_p=1$. 然而，对给定 $\varepsilon=1$，对所有的 $x,y\in\mathbb{Q}_p$ 有

$$|\Delta f(x,y)|_p = |4(k^2-1)|_p \leqslant 1 \leqslant \varepsilon.$$

因此，对所有的 $x\in\mathbb{Q}_p$ 和 $n\in\mathbb{N}$ 有

$$\left|4^n g\left(\frac{x}{2^n}\right) - 4^{n+1}g\left(\frac{x}{2^{n+1}}\right)\right|_p = |2^{2n+1}|_p|45|_p = |45|_p$$

成立. 所以,$\left\{4^n g\left(\dfrac{x}{2^n}\right)\right\}$ 不是 Cauchy 序列,其中 $g(x) := f(2x) - 16f(x)$（参见定理 4.2.1 的证明）.

注 4.3.1　由例 4.3.1 可证明,在推论 4.3.1 和推论 4.3.2 中的条件 $|2| < 1$ 是不可以省略的.

定理 4.3.2　假设 X 是 $\mathbb{K}$ 上的线性空间,映射 $\varphi_t : X \times X \to [0, \infty)$ 满足

$$\varphi_t\left(\frac{x}{2}, \frac{y}{2}\right) \leqslant \frac{1}{\beta}\varphi_t(x, y), \, \forall \, x, y \in X, \tag{4.3.8}$$

其中对某实数 $\beta > 0$,且 $|16| < \beta$. 若映射 $f : X \to Y$ 满足 $f(0) = 0$ 和不等式

$$\|\Delta f(x, y)\|_Y \leqslant \varphi_t(x, y), \, \forall \, x, y \in X, \tag{4.3.9}$$

则存在唯一的四次映射 $T : X \to Y$ 满足

$$\|f(2x) - 4f(x) - T(x)\|_Y \leqslant \frac{1}{\beta}M_t(x), \, \forall \, x \in X, \tag{4.3.10}$$

其中

$$M_t(x) = \frac{1}{|k^4 - k^2|}\max\left\{ |2k^2|\varphi_t(0, x), \frac{|4|}{|k^2 - 1|}\varphi_t(0, x), \frac{1}{|k^2 - 1|}\varphi_t(0, 2x), \right.$$

$$\frac{|2k^2|}{|k^2 - 1|}\varphi_t(0, (k-1)x), \frac{|4k^2|}{|k^2 - 1|}\varphi_t(0, (k-2)x),$$

$$\frac{|k^2|}{|k^2 - 1|}\varphi_t(0, (k-3)x), \frac{|4k^2|}{|k^2 - 1|}\varphi_t(0, kx), |16k^2 - 8|\varphi_t(x, x),$$

$$|k^2|\varphi_t(x, x), |2(k^2 - 1)|\varphi_t(x, 2x), |4k^2|\varphi_t(x, 2x), |k^2|\varphi_t(x, 3x),$$

$$|4|\varphi_t(x, (k-1)x), \varphi_t(x, (k-2)x), |2|\varphi_t(x, kx), |4|\varphi_t(x, (k+1)x),$$

$$\left. \varphi_t(x, (k+2)x), |4|\varphi_t(2x, x), \varphi_t(2x, 2x), \frac{|k^2|}{|k^2 - 1|}\varphi_t(0, (k+1)x) \right\}.$$

证明　该定理的证明类似于定理 4.3.1 的证明,且根据定理 4.2.2 可以直接得到定理的结果.

推论 4.3.3　假设 $(X, \|\cdot\|_x)$ 是 $\mathbb{K}$ 上的 non-Archimedean 赋范空间,$\theta > 0, 0 \leqslant r < 4, |2| < 1$. 若映射 $f : X \to Y$ 对所有的 $x, y \in X$ 满足式 (4.3.4) 和 $f(0) = 0$,则存

在唯一的四次映射 $T:X \to Y$ 满足

$$\|f(2x) - 4f(x) - T(x)\|_Y \leqslant \frac{\theta \|x\|_X^r}{|k^4 - k^2||2|^r} \max\left\{2, \frac{1}{|k^2 - 1|}\right\}, \forall x \in X.$$

$$(4.3.11)$$

证明 考虑映射 $\varphi_t: X \times X \to [0, \infty)$,对所有的 $x, y \in X$,我们取 $\varphi_t(x,y) = \theta(\|x\|_X^r + \|y\|_X^r)$,且在定理 4.3.2 中取 $\beta = |2|^r$,就可以得到此推论的结论.

推论 4.3.4 假设 $(X, \|\cdot\|_X)$ 是 $\mathbb{K}$ 上的 non-Archimedean 赋范空间,$\theta > 0$,$|2| < 1$. 若映射 $f: X \to Y$ 对所有的 $x, y \in X$ 满足式 (4.3.6) 和 $f(0) = 0$,其中 r, s 为非负实数,且 $\lambda := r + s < 4$,则存在唯一的四次映射 $T: X \to Y$ 满足

$$\|f(2x) - 4f(x) - T(x)\|_Y \leqslant \frac{\theta \|x\|_X^\lambda}{|k^4 - k^2||2|^\lambda} \max\left\{3, \frac{1}{|k^2 - 1|}\right\}, \forall x \in X.$$

$$(4.3.12)$$

证明 考虑映射 $\varphi_t: X \times X \to [0, \infty)$,对所有的 $x, y \in X$,取 $\varphi_t(x,y) = \theta[\|x\|_X^r \|y\|_X^s + (\|x\|_X^{r+s} + \|y\|_X^{r+s})]$,且在定理 4.3.2 中取 $\beta = |2|^\lambda$,我们就可以直接得到此推论的结论.

例 4.3.2 (cf. [148]). 假设 $p > 2$ 是一素数,$f: \mathbb{Q}_p \to \mathbb{Q}_p$ 且定义为 $f(x) = 2$. 根据例 4.1.1,对任意的 $n \in \mathbb{Z}$ 有 $|2^n|_p = 1$. 然而,对给定 $\varepsilon = 1$,对所有的 $x, y \in \mathbb{Q}_p$ 有

$$|\Delta f(x,y)|_p = |4(k^2 - 1)|_p \leqslant 1 \leqslant \varepsilon.$$

因此,对所有的 $x \in \mathbb{Q}_p$ 和 $n \in \mathbb{N}$ 有

$$\left|16^n g\left(\frac{x}{2^n}\right) - 16^{n+1} g\left(\frac{x}{2^{n+1}}\right)\right|_p = |2^{4n+1}|_p |45|_p = |45|_p$$

成立. 所以,$\left\{16^n g\left(\frac{x}{2^n}\right)\right\}$ 不是 Cauchy 序列,其中 $g(x) := f(2x) - 4f(x)$(参见定理 4.2.2 的证明).

注 4.3.2 由例 4.3.2 可证明,在推论 4.3.3 和推论 4.3.4 中的条件 $|2| < 1$ 是不可以省略的.

定理4.3.3　假设 X 是 $\mathbb{K}$ 上的线性空间,映射 $\varphi:X\times X\to[0,\infty)$ 满足

$$\varphi\left(\frac{x}{2},\frac{y}{2}\right)\leqslant\frac{1}{\delta}\varphi(x,y),\forall x,y\in X,\tag{4.3.13}$$

其中对某实数 $\delta>0$,且 $|4|<\delta$. 若映射 $f:X\to Y$ 满足 $f(0)=0$ 和不等式

$$\|\Delta f(x,y)\|_Y\leqslant\varphi(x,y),\forall x,y\in X,\tag{4.3.14}$$

则存在唯一的二次映射 $Q:X\to Y$ 和唯一的四次映射 $T:X\to Y$ 满足

$$\|f(x)-Q(x)-T(x)\|_Y\leqslant\frac{1}{|12|\delta}M(x),\forall x\in X,\tag{4.3.15}$$

其中

$$M(x)=\frac{1}{|k^4-k^2|}\max\left\{|2k^2|\varphi(0,x),\frac{|4|}{|k^2-1|}\varphi(0,x),\frac{1}{|k^2-1|}\varphi(0,2x),\right.$$

$$\frac{|2k^2|}{|k^2-1|}\varphi(0,(k-1)x),\frac{|4k^2|}{|k^2-1|}\varphi(0,(k-2)x),$$

$$\frac{|k^2|}{|k^2-1|}\varphi(0,(k-3)x),\frac{|4k^2|}{|k^2-1|}\varphi(0,kx),|16k^2-8|\varphi(x,x),$$

$$|k^2|\varphi(x,x),|2(k^2-1)|\varphi(x,2x),|4k^2|\varphi(x,2x),|k^2|\varphi(x,3x),$$

$$|4|\varphi(x,(k-1)x),\varphi(x,(k-2)x),|2|\varphi(x,kx),|4|\varphi(x,(k+1)x),$$

$$\left.\varphi(x,(k+2)x),|4|\varphi(2x,x),\varphi(2x,2x),\frac{|k^2|}{|k^2-1|}\varphi(0,(k+1)x)\right\}.$$

证明　该定理的证明类似于定理4.3.1的证明,且根据定理4.2.3可以直接得到定理的结果.

推论4.3.5　假设 $(X,\|\cdot\|_X)$ 是 $\mathbb{K}$ 上的 non-Archimedean 赋范空间,$\theta>0,0\leqslant r<2,|2|<1$. 若映射 $f:X\to Y$ 对所有的 $x,y\in X$ 满足式(4.3.4)和 $f(0)=0$,则存在唯一的二次映射 $Q:X\to Y$ 和唯一的四次映射 $T:X\to Y$ 满足

$$\|f(x)-Q(x)-T(x)\|_Y\leqslant\frac{\theta\|x\|_X^r}{|12||k^4-k^2||2|^r}\max\left\{2,\frac{1}{|k^2-1|}\right\},\forall x\in X.\tag{4.3.16}$$

证明　考虑映射 $\varphi:X\times X\to[0,\infty)$,对所有的 $x,y\in X$,我们取 $\varphi(x,y)=$

$\theta(\|x\|_X^r + \|y\|_X^r)$,且在定理 4.3.3 中取 $\delta = |2|^r$,就可以得到此推论的结论.

推论 4.3.6 假设 $(X, \|\cdot\|_X)$ 是 $\mathbb{K}$ 上的 non-Archimedean 赋范空间,$\theta > 0$, $|2| < 1$. 若映射 $f: X \to Y$ 对所有的 $x, y \in X$ 满足式(4.3.6)和 $f(0) = 0$,其中 r, s 为非负实数,且 $\lambda := r + s < 2$,则存在唯一的二次映射 $Q: X \to Y$ 和唯一的四次映射 $T: X \to Y$ 满足

$$\|f(x) - Q(x) - T(x)\|_Y \leqslant \frac{\theta \|x\|_X^\lambda}{|12||k^4 - k^2||2|^\lambda} \max\left\{3, \frac{1}{|k^2 - 1|}\right\}, \ \forall x \in X.$$

$$(4.3.17)$$

证明 考虑映射 $\varphi: X \times X \to [0, \infty)$,对所有的 $x, y \in X$,取 $\varphi(x, y) = \theta[\|x\|_X^r \|y\|_X^s + (\|x\|_X^{r+s} + \|y\|_X^{r+s})]$,且在定理 4.3.3 中取 $\delta = |2|^\lambda$,我们就可以直接得到此推论的结论.

例 4.3.3 (cf. [148]). 假设 $p > 2$ 是一素数,$f: \mathbb{Q}_p \to \mathbb{Q}_p$ 且定义为 $f(x) = 2$. 根据例 4.1.1,对任意的 $n \in \mathbb{Z}$ 有 $|2^n|_p = 1$. 给定 $\varepsilon = 1$,对所有的 $x, y \in \mathbb{Q}_p$ 有

$$|\Delta f(x, y)|_p = |4(k^2 - 1)|_p \leqslant 1 \leqslant \varepsilon.$$

因此,$\left\{4^n \left[f\left(\frac{x}{2^{n-1}}\right) - 16f\left(\frac{x}{2^n}\right)\right]\right\}$ 和 $\left\{16^n \left[f\left(\frac{x}{2^{n-1}}\right) - 4f\left(\frac{x}{2^n}\right)\right]\right\}$ 都不是 Cauchy 序列. 事实上,对任意的 $n \in \mathbb{Z}$ 有 $|2^n|_p = 1$,从而我们有

$$\left|4^n \left[f\left(\frac{x}{2^{n-1}}\right) - 16f\left(\frac{x}{2^n}\right)\right] - 4^{n+1} \left[f\left(\frac{x}{2^n}\right) - 16f\left(\frac{x}{2^{n+1}}\right)\right]\right|_p = |45|_p,$$

和

$$\left|16^n \left[f\left(\frac{x}{2^{n-1}}\right) - 4f\left(\frac{x}{2^n}\right)\right] - 16^{n+1} \left[f\left(\frac{x}{2^n}\right) - 4f\left(\frac{x}{2^{n+1}}\right)\right]\right|_p = |45|_p$$

成立. 所以,序列 $\left\{4^n \left[f\left(\frac{x}{2^{n-1}}\right) - 16f\left(\frac{x}{2^n}\right)\right]\right\}$ 和 $\left\{16^n \left[f\left(\frac{x}{2^{n-1}}\right) - 4f\left(\frac{x}{2^n}\right)\right]\right\}$ 在 $\mathbb{Q}_p$ 中均不收敛.

注 4.3.3 同样地,由例 4.3.3 可证明,在推论 4.3.5 和推论 4.3.6 中的条件 $|2| < 1$ 是不可以省略的.

　　注 4.3.4　本章主要应用直接法研究了在 non-Archimedean 模糊赋范空间上混合型二次与四次泛函方程的 Hyers-Ulam 稳定性,以及将所获得的稳定性的结果应用到 non-Archimedean 赋范空间中. 关于这一研究主题更深入系统的相关内容,可参考文献 [18,36,150,152,153,189,243] 和这些文献中的参考文献.

第5章 混合型可加、三次与四次泛函方程的稳定性

本章首先给出模糊赋范空间和矩阵赋范空间的定义,在此基础上,引入矩阵模糊赋范空间的概念及相关的结果,进而分别利用直接法和不动点的择一性方法讨论在矩阵赋范空间上混合型可加、三次与四次泛函方程的 Hyers-Ulam 稳定性.同时,利用不动点的择一性方法讨论在矩阵模糊赋范空间上混合型可加、三次与四次泛函方程的 Hyers-Ulam 稳定性.

5.1 矩阵模糊赋范空间

在本节中,将按照文献[11, 149, 150]中的思想,给出模糊赋范空间的定义及一些模糊范数的例子.同时,也给出矩阵赋范空间的定义,进而引入了矩阵模糊赋范空间的概念及相关的结果.这些概念是我们在本章中在不同矩阵赋范空间上讨论混合型可加、三次与四次泛函方程的 Hyers-Ulam 稳定性的基础.

定义 5.1.1 假设 X 是一个实线性空间,函数 $N:X\times\mathbb{R}\to[0,1]$ 称为 X 上的模糊范数,如果对任意的 $x,y\in X$ 和 $s,t\in\mathbb{R}$ 满足下列条件:

(N1) $\forall c\leqslant0$ 时,$N(x,c)=0$;

(N2) $\forall c>0$ 时,$N(x,c)=1$,当且仅当 $x=0$;

(N3) 若 $c\neq0$,则 $N(cx,t)=N\left(x,\dfrac{t}{|c|}\right)$;

（N4）$N(x+y,s+t) \geq \min\{N(x,s),N(y,t)\}$；

（N5）$N(x,\cdot)$ 是 $\mathbb{R}$ 上的不减函数且 $\lim\limits_{t\to\infty}N(x,t)=1$；

（N6）当 $x \neq 0$ 时，$N(x,\cdot)$ 在 $\mathbb{R}$ 上是连续的．

在这种情况下，称序对 (X,N) 为模糊赋范线性空间．

事实上，若 $s<t$，则从（N2）和（N4）中，我们可以得到

$$N(x,t) \geq \min\{N(x,s),N(0,t-s)\} = N(x,s).$$

因此，在（N5）中条件"$N(x,\cdot)$ 是 $\mathbb{R}$ 上的不减函数"是可以省略的．

例 5.1.1　假设 $(X,\|\cdot\|)$ 是赋范空间，若考虑

$$N(x,t)=\begin{cases} \dfrac{t}{t+\|x\|}, & t>0,x \in X, \\ 0, & t \leq 0,x \in X, \end{cases}$$

则 $N(x,t)$ 是 X 上的模糊范数．

例 5.1.2　假设 $(X,\|\cdot\|)$ 是赋范空间，若考虑

$$N(x,t)=\begin{cases} 0, & t \leq 0, \\ \dfrac{t}{\|x\|}, & 0<t \leq \|x\|, \\ 1, & t>\|x\|, \end{cases}$$

则 $N(x,t)$ 是 X 上的模糊范数．

定义 5.1.2　假设 $\{x_n\}$ 是模糊赋范空间 (X,N) 中的一个序列，若存在 $x \in X$，对所有的 $t>0$ 使得 $\lim\limits_{n\to\infty}N(x_n-x,t)=1$ 成立，则称序列 $\{x_n\}$ 收敛于 x（或 x 是序列 $\{x_n\}$ 的极限），记为 $N\text{-}\lim x_n=x$．

定义 5.1.3　假设 $\{x_n\}$ 是模糊赋范空间 (X,N) 中的一个序列，若对任意给定的 $\varepsilon>0$ 和 $\delta>0$，存在 $n_0 \in \mathbb{N}$，当 $m,n \geq n_0$ 时，有 $N(x_m-x_n,\delta)>1-\varepsilon$ 成立，则称序列 $\{x_n\}$ 为 Cauchy 序列．若模糊赋范空间 (X,N) 上任意的 Cauchy 序列都是收敛的，则称 (X,N) 是完备的模糊赋范空间，且称完备的模糊赋范空间为模糊 Banach 空间．

为了给出矩阵赋范空间和矩阵模糊赋范空间的定义，我们先给出在本章中

将要出现的一些符号:

(1)$M_{m,n}(X)$ 表示 X 中的全体 $m \times n$ 矩阵集合,当 $m=n$ 时,矩阵 $\boldsymbol{M}_{m,n}(X)$ 可记为 $\boldsymbol{M}_n(X)$;

(2)$\boldsymbol{e}_j \in M_{1,n}(\mathbb{C})$,表示第 j 列元素是 1 且其他位置元素是 0 的行向量;

(3)$\boldsymbol{E}_{ij} \in M_n(\mathbb{C})$,表示 (i,j) 位置上的元素是 1 且其他位置的元素是 0 的矩阵;

(4)$\boldsymbol{E}_{ij} \otimes x \in M_n(X)$,表示 (i,j) 位置上的元素是 x 且其他位置的元素是 0 的矩阵.

定义 5.1.4 假设 $(X, \|\cdot\|)$ 是赋范空间.

(1)$(X, \{\|\cdot\|_n\})$ 是矩阵赋范空间当且仅当对每一个正整数 n,$(M_n(X), \|\cdot\|n)$ 是赋范空间,且对任意的 $A \in M_{k,n}$,$x = [x_{ij}] \in M_n(X)$ 和 $B \in M_{n,k}$,有 $\|AxB\|_k \leqslant \|A\| \|B\| \|x\|_n$ 成立.

(2)$(X, \{\|\cdot\|_n\})$ 是矩阵 Banach 空间当且仅当 X 是 Banach 空间且 $(X, \{\|\cdot\|\})$ 是矩阵赋范空间.

假设 E, F 是向量空间及正整数 n,给定映射 $h: E \to F$,对任意的 $[x_{ij}] \in M_n(E)$,可定义映射 $h_n: M_n(E) \to M_n(F)$ 为

$$h_n([x_{ij}]) = [h(x_{ij})].$$

定义 5.1.5 (cf. [192]). 假设 (X, N) 是模糊赋范空间.

(1)$(X, \{N_n\})$ 是矩阵模糊赋范空间当且仅当对每一个正整数 n,$(M_n(X), N_n)$ 是模糊赋范空间,且对任意的 $t>0$,$A \in M_{k,n}(\mathbb{R})$,$x = [x_{ij}] \in M_n(X)$ 和 $B \in M_{n,k}(\mathbb{R})$,且 $\|A\| \cdot \|B\| \neq 0$,有 $N_k(AxB, t) \geqslant N_n(x, \dfrac{t}{\|A\| \cdot \|B\|})$ 成立.

(2)$(X, \{N_n\})$ 是矩阵模糊 Banach 空间当且仅当 (X, N) 是模糊 Banach 空间且 $(X, \{N_n\})$ 是矩阵模糊赋范空间.

例 5.1.3 假设 $(X, \{\|\cdot\|_n\})$ 是矩阵赋范空间,且 $\alpha, \beta > 0$. 若定义

$$N_n(x,t) = \begin{cases} \dfrac{\alpha t}{\alpha t + \beta \|x\|_n}, & t>0, x=[x_{ij}] \in M_n(X), \\ \\ 0, & t \leqslant 0, x=[x_{ij}] \in M_n(X), \end{cases}$$

则 $(X, \{N_n\})$ 是矩阵模糊赋范空间.

5.2　矩阵赋范空间上的稳定性:直接法

在本节及第 5.3 节中,假设 $X, (X, \{\|\cdot\|_n\}), (Y, \{\|\cdot\|_n\})$ 分别为线性空间,矩阵赋范空间和矩阵 Banach 空间,且 n 为固定正整数. 下面我们利用直接法在矩阵赋范空间上证明混合型可加、三次与四次泛函方程

$$11[f(x+2y)+f(x-2y)]$$

$$=44[f(x+y)+f(x-y)]+12f(3y)-48f(2y)+60f(y)-66f(x) \quad (5.2.1)$$

的 Hyers-Ulam 稳定性. 容易验证函数 $f(x)=ax+bx^3+cx^4$ 是方程(5.2.1)的一个解.

引理 5.2.1　(cf. [61]). 假设 V 和 W 是实线性空间,若奇映射 $f:V \to W$ 满足方程(5.2.1),则 $f:V \to W$ 是可加与三次映射.

引理 5.2.2　(cf. [61]). 假设 V 和 W 是实线性空间,若偶映射 $f:V \to W$ 满足方程(5.2.1),则 $f:V \to W$ 是四次映射.

引理 5.2.3　(cf. [134,136,187,188]). 若 $(X, \{\|\cdot\|_n\})$ 是矩阵赋范空间,则有下面的结论成立:

(1) $\forall x \in X, \|E_{kl} \otimes x\|_n = \|x\|$;

(2) $\forall [x_{ij}] \in M_n(X), \|x_{kl}\| \leqslant \|[x_{ij}]\|_n \leqslant \sum_{i,j=1}^{n} \|x_{ij}\|$;

(3) $\forall x_n = [x_{ijn}], x=[x_{ij}] \in M_k(X), \lim\limits_{n \to \infty} x_n = x$ 当且仅当 $\lim\limits_{n \to \infty} x_{ijn} = x_{ij}$.

对于给定映射 $f:X \to Y$,令 $Df:X^2 \to Y$ 与 $Df_n:M_n(X^2) \to M_n(Y)$,且对任意的 $a,b \in X$ 及 $x=[x_{ij}], y=[y_{ij}] \in M_n(X)$ 定义如下:

$$Df(a,b) := 11[f(a+2b)+f(a-2b)] - 44[f(a+b)+f(a-b)] -$$
$$12f(3b)+48f(2b)-60f(b)+66f(a),$$

$$Df_n([x_{ij}],[y_{ij}]) := 11[f_n([x_{ij}]+2[y_{ij}])+f_n([x_{ij}]-2[y_{ij}])] -$$
$$44[f_n([x_{ij}]+[y_{ij}])+f_n([x_{ij}]-[y_{ij}])] -$$
$$12f_n(3[y_{ij}])+48f_n(2[y_{ij}])-60f_n([y_{ij}])+66f_n([x_{ij}]).$$

定理 5.2.1 假设函数 $\varphi : X^2 \to [0,\infty)$ 对所有的 $a,b \in X$ 满足

$$\sum_{l=0}^{\infty} \frac{1}{8^{l+1}}\varphi(2^{l+1}a,2^l a) + \sum_{l=0}^{\infty} \frac{1}{8^{l+1}}\varphi(0,2^l a) < +\infty \qquad (5.2.2)$$

$$\lim_{k\to\infty} \frac{1}{8^k}\varphi(2^k a,2^k b)=0. \qquad (5.2.3)$$

若奇函数 $f:X\to Y$ 对所有的 $x=[x_{ij}],y=[y_{ij}]\in M_n(X)$ 满足不等式

$$\|Df_n([x_{ij}],[y_{ij}])\|_n \leqslant \sum_{i,j=1}^{n}\varphi(x_{ij},y_{ij}), \qquad (5.2.4)$$

则存在唯一的三次映射 $C:X\to Y$ 对所有的 $x=[x_{ij}]\in M_n(X)$ 满足

$$\|f_n(2[x_{ij}]) - 2f_n([x_{ij}]) - C_n([x_{ij}])\|_n$$

$$\leqslant \sum_{i,j=1}^{n}\left(\frac{1}{11}\sum_{l=0}^{\infty}\frac{\varphi(2^{l+1}x_{ij},2^l x_{ij})}{8^{l+1}} + \frac{14}{33}\sum_{l=0}^{\infty}\frac{\varphi(0,2^l x_{ij})}{8^{l+1}}\right). \qquad (5.2.5)$$

证明 当 $n=1$ 时,对所有的 $a,b\in X$,式(5.2.4)等价于

$$\|Df(a,b)\|\leqslant\varphi(a,b). \qquad (5.2.6)$$

在式(5.2.6)中取 $a=0$,我们可得

$$\|12f(3b)-48f(2b)+60f(b)\|\leqslant\varphi(0,b). \qquad (5.2.7)$$

在式(5.2.6)中用 $2b$ 代替 a,则有

$$\|11f(46)-56f(3b)+114f(2b)-104f(b)\|\leqslant\varphi(2b,b). \qquad (5.2.8)$$

由式(5.2.7)和式(5.2.8)有

$$\|f(46)-10f(2b)+16f(b)\|\leqslant\frac{1}{11}\varphi(2b,b)+\frac{14}{33}\varphi(0,b). \qquad (5.2.9)$$

在式(5.2.9)中用 a 代替 b,且令 $g(a):=f(2a)-2f(a)$,则对所有的 $a\in X$ 有

$$\|g(2a)-8g(a)\| \leqslant \frac{1}{11}\varphi(2a,a)+\frac{14}{33}(0,a). \qquad (5.2.10)$$

在式(5.2.10)中用 $2^l a$ 代替 a，且在式(5.2.10)两边同时除以 8^{l+1}，这样我们可以得到

$$\left\| \frac{g(2^{l+1}a)}{8^{l+1}} - \frac{g(2^l a)}{8^l} \right\| \leqslant \frac{1}{11}\frac{\varphi(2^{l+1}a,2^l a)}{8^{l+1}}+\frac{14}{33}\frac{\varphi(0,2^l a)}{8^{l+1}}. \qquad (5.2.11)$$

所以，对所有的 $a \in X$ 有

$$\left\| \frac{g(2^q a)}{8^q} - \frac{g(2^p a)}{8^p} \right\| \leqslant \sum_{l=p}^{q-1} \left\| \frac{g(2^l a)}{8^l} - \frac{g(2^{l+1}a)}{8^{l+1}} \right\|$$

$$\leqslant \frac{1}{11}\sum_{l=p}^{q-1} \frac{\varphi(2^{l+1}a,2^l a)}{8^{l+1}} + \frac{14}{33}\sum_{l=p}^{q-1} \frac{\varphi(0,2^l a)}{8^{l+1}}, \qquad (5.2.12)$$

其中 p,q 为非负整数，且 $p<q$. 因此，由式(5.2.2)和式(5.2.12)可知，序列 $\left\{ \dfrac{g(2^k a)}{8^k} \right\}$ 为 Cauchy 序列. 由于 Y 是完备的，所以序列 $\left\{ \dfrac{g(2^k a)}{8^k} \right\}$ 对所有的 $a \in X$ 在 Y 中收敛. 进而，对所有的 $a \in X$，我们令 $C:X \to Y$ 且定义为

$$C(a) = \lim_{k \to \infty} \frac{1}{8^k}g(2^k a). \qquad (5.2.13)$$

在式(5.2.12)中令 $p=0$，且当 $q \to \infty$ 时，我们有

$$\|g(a) - C(a)\| \leqslant \frac{1}{11}\sum_{l=0}^{\infty} \frac{\varphi(2^{l+1}a,2^l a)}{8^{l+1}} + \frac{14}{33}\sum_{l=0}^{\infty} \frac{\varphi(0,2^l a)}{8^{l+1}}. \qquad (5.2.14)$$

现在，我们来证明 C 是三次映射. 对所有的 $a \in X$，由式(5.2.2)、式(5.2.10)和式(5.2.13)，我们有

$$\|C(2a)-8C(a)\| = \lim_{n \to \infty} \left\| \frac{1}{8^n}g(2^{n+1}a) - \frac{1}{8^{n-1}}g(2^n a) \right\|$$

$$= \lim_{n \to \infty} 8 \left\| \frac{1}{8^{n+1}}g(2^{n+1}a) - \frac{1}{8^n}g(2^n a) \right\| = 0. \qquad (5.2.15)$$

因此，我们可以得到

$$C(2a) = 8C(a) \qquad (5.2.16)$$

成立. 另一方面,由式(5.2.3)、式(5.2.6)和式(5.2.13)有

$$\| DC(a,b) \| = \lim_{k \to \infty} \left\| \frac{1}{8^k} Dg(2^k a, 2^k b) \right\|$$

$$= \lim_{k \to \infty} \frac{1}{8^k} \| Df(2^{k+1}a, 2^{k+1}b) - 2Df(2^k a, 2^k b) \|$$

$$\leqslant \lim_{k \to \infty} \frac{1}{8^k} (\varphi(2^{k+1}a, 2^{k+1}b) + 2\varphi(2^k a, 2^k b)) = 0. \qquad (5.2.17)$$

因此,映射 C 满足方程(5.2.1). 根据引理 5.2.1,映射 $a \mapsto C(2a) - 2C(a)$ 是三次的. 进而, 由式(5.2.16)可推得映射 C 是三次的.

为了证明映射 C 的唯一性,假设存在另一三次映射 $C':X \to Y$ 满足式 (5.2.14). 令 $n=1$, 对所有的 $a \in X$,我们可以得到

$$\| C(a) - C'(a) \| = \left\| \frac{1}{8^q} C(2^q a) - \frac{1}{8^q} C'(2^q a) \right\|$$

$$\leqslant \left\| \frac{1}{8^q} C(2^q a) - \frac{1}{8^q} g(2^q a) \right\| + \left\| \frac{1}{8^q} C'(2^q a) - \frac{1}{8^q} g(2^q a) \right\|$$

$$\leqslant 2 \left(\frac{1}{11} \sum_{l=0}^{\infty} \frac{\varphi(2^{l+q+1}a, 2^{l+q}a)}{8^{l+q+1}} + \frac{14}{33} \sum_{l=0}^{\infty} \frac{\varphi(0, 2^{l+q}a)}{8^{l+q+1}} \right)$$

$$= 2 \left(\frac{1}{11} \sum_{l=q}^{\infty} \frac{\varphi(2^{l+1}a, 2^l a)}{8^{l+1}} + \frac{14}{33} \sum_{l=q}^{\infty} \frac{\varphi(0, 2^l a)}{8^{l+1}} \right).$$

在上不等式中,当 $q \to \infty$ 时,对所有的 $a \in X$,我们可证得 $C(a) = C'(a)$ 成立. 这就证明了 $C:X \to Y$ 是唯一的三次映射.

根据引理 5.2.3 和式(5.2.14)可知,对所有的 $x = [x_{ij}] \in M_n(X)$,我们有

$$\| f_n(2[x_{ij}]) - 2f_n([x_{ij}]) - C_n([x_{ij}]) \|_n \leqslant \sum_{i,j=1}^{n} \| f(2x_{ij}) - 2f(x_{ij}) - C(x_{ij}) \|$$

$$\leqslant \sum_{i,j=1}^{n} \left(\frac{1}{11} \sum_{l=0}^{\infty} \frac{\varphi(2^{l+1}x_{ij}, 2^l x_{ij})}{8^{l+1}} + \frac{14}{33} \sum_{l=0}^{\infty} \frac{\varphi(0, 2^l x_{ij})}{8^{l+1}} \right).$$

所以,映射 $C:X \to Y$ 是满足式(5.2.5)的唯一的三次映射. 因此,这就完成了该定理的证明.

推论 5.2.1 假设 r, θ 均为正实数,且 $r<3$. 若奇映射 $f:X \to Y$ 对所有的 $x =$

$[x_{ij}], y = [y_{ij}] \in M_n(X)$ 满足

$$\| Df_n([x_{ij}],[y_{ij}]) \|_n \leqslant \sum_{i,j=1}^{n} \theta(\| x_{ij} \|^r + \| y_{ij} \|^r), \tag{5.2.18}$$

则存在唯一的三次映射 $C:X \to Y$ 对所有的 $x = [x_{ij}] \in M_n(X)$ 满足

$$\| f_n(2[x_{ij}]) - 2f_n([x_{ij}]) - C_n([x_{ij}]) \|_n \leqslant \frac{1}{33} \sum_{i,j=1}^{n} \frac{17 + 3 \cdot 2^r}{8 - 2^r} \theta \| x_{ij} \|^r. \tag{5.2.19}$$

证明 在定理 5.2.1 中,对所有的 $a,b \in X$, 我们取 $\varphi(a,b) = \theta(\| a \|^r + \| b \|^r)$, 就可以证得该推论的结论成立.

定理 5.2.2 假设函数 $\varphi: X^2 \to [0, \infty)$ 对所有的 $a,b \in X$ 满足

$$\sum_{l=1}^{\infty} 8^{l-1} \varphi\left(\frac{a}{2^{l-1}}, \frac{a}{2^l} \right) + \sum_{l=1}^{\infty} 8^{l-1} \varphi\left(0, \frac{a}{2^l} \right) < +\infty, \tag{5.2.20}$$

$$\lim_{k \to \infty} 8^k \varphi\left(\frac{a}{2^k}, \frac{b}{2^k} \right) = 0. \tag{5.2.21}$$

若奇函数 $f:X \to Y$ 对所有的 $x = [x_{ij}], y = [y_{ij}] \in M_n(X)$ 满足式(5.2.4), 则存在唯一的三次映射 $C:X \to Y$ 对所有的 $x = [x_{ij}] \in M_n(X)$ 满足

$$\| f_n(2[x_{ij}]) - 2f_n([x_{ij}]) - C_n([x_{ij}]) \|_n$$
$$\leqslant \sum_{i,j=1}^{n} \left(\frac{1}{11} \sum_{l=1}^{\infty} 8^{l-1} \varphi\left(\frac{x_{ij}}{2^{l-1}}, \frac{x_{ij}}{2^l} \right) + \frac{14}{33} \sum_{l=1}^{\infty} 8^{l-1} \varphi\left(0, \frac{x_{ij}}{2^l} \right) \right). \tag{5.2.22}$$

证明 类似于定理 5.2.1 的证明方式可以得到该定理的结果. 因此,此处省略该定理的证明过程.

推论 5.2.2 假设 r, θ 均为正实数,且 $r > 3$. 若奇映射 $f: X \to Y$ 对所有的 $x = [x_{ij}], y = [y_{ij}] \in M_n(X)$ 满足式(5.2.18), 则存在唯一的三次映射 $C:X \to Y$ 对所有的 $x = [x_{ij}] \in M_n(X)$ 满足

$$\| f_n(2[x_{ij}]) - 2f_n([x_{ij}]) - C_n([x_{ij}]) \|_n \leqslant \frac{1}{33} \sum_{i,j=1}^{n} \frac{3 \cdot 2^r + 17}{2^r - 8} \theta \| x_{ij} \|^r. \tag{5.2.23}$$

证明 在定理 5.2.2 中,对所有的 $a,b \in X$, 取 $\varphi(a,b) = \theta(\| a \|^r + \| b \|^r)$, 我们可以证明此推论的结论成立.

定理 5.2.3　假设函数 $\varphi:X^2\to[0,\infty)$ 对所有的 $a,b\in X$ 满足

$$\sum_{l=0}^{\infty}\frac{1}{2^{l+1}}\varphi(2^{l+1}a,2^la)+\sum_{l=0}^{\infty}\frac{1}{2^{l+1}}\varphi(0,2^la)<+\infty,\qquad(5.2.24)$$

$$\lim_{k\to\infty}\frac{1}{2^k}\varphi(2^ka,2^kb)=0.\qquad(5.2.25)$$

若奇函数 $f:X\to Y$ 对所有的 $x=[x_{ij}],y=[y_{ij}]\in M_n(X)$ 满足式(5.2.4)，则存在唯一的可加映射 $A:X\to Y$ 对所有的 $x=[x_{ij}]\in M_n(X)$ 满足

$$\|f_n(2[x_{ij}])-8f_n([x_{ij}])-A_n([x_{ij}])\|_n$$

$$\leqslant\sum_{i,j=1}^{n}\left(\frac{1}{11}\sum_{l=0}^{\infty}\frac{\varphi(2^{l+1}x_{ij},2^lx_{ij})}{2^{l+1}}+\frac{14}{33}\sum_{l=0}^{\infty}\frac{\varphi(0,2^lx_{ij})}{2^{l+1}}\right). \qquad(5.2.26)$$

证明　如同定理 5.2.1 的证明，对所有的 $b\in X$，我们有

$$\|f(4b)-10f(2b)+16f(b)\|\leqslant\frac{1}{11}\varphi(2b,b)+\frac{14}{33}\varphi(0,b).\qquad(5.2.27)$$

在式(5.2.27)中用 a 代替 b，且令 $h(a):=f(2a)-8f(a)$，则对所有的 $a\in X$ 有

$$\|h(2a)-2h(a)\|\leqslant\frac{1}{11}\varphi(2a,a)+\frac{14}{33}\varphi(0,a).\qquad(5.2.28)$$

该定理中剩下部分的证明类似于定理 5.2.1 的证明.

推论 5.2.3　假设 r,θ 均为正实数，且 $r<1$. 若奇映射 $f:X\to Y$ 对所有的 $x=[x_{ij}],y=[y_{ij}]\in M_n(X)$ 满足式(5.2.18)，则存在唯一的可加映射 $A:X\to Y$ 对所有的 $x=[x_{ij}]\in M_n(X)$ 满足

$$\|f_n(2[x_{ij}])-8f_n([x_{ij}])-A_n([x_{ij}])\|_n\leqslant\frac{1}{33}\sum_{i,j=1}^{n}\frac{17+3\cdot2^r}{2-2^r}\theta\|x_{ij}\|^r.\qquad(5.2.29)$$

证明　在定理 5.2.3 中，对所有的 $a,b\in X$，取 $\varphi(a,b)=\theta(\|a\|^r+\|b\|^r)$，就可以得到该推论的结论.

定理 5.2.4　假设函数 $\varphi:X^2\to[0,\infty)$ 对所有的 $a,b\in X$ 满足

$$\sum_{l=1}^{\infty}2^{l-1}\varphi\left(\frac{a}{2^{l-1}},\frac{a}{2^l}\right)+\sum_{l=1}^{\infty}2^{l-1}\varphi\left(0,\frac{a}{2^l}\right)<+\infty,\qquad(5.2.30)$$

$$\lim_{k\to\infty}2^k\varphi\left(\frac{a}{2^k},\frac{b}{2^k}\right)=0.\qquad(5.2.31)$$

若奇函数 $f:X\to Y$ 对所有的 $x=[x_{ij}],y=[y_{ij}]\in M_n(X)$ 满足式(5.2.4)，则存在唯一的可加映射 $A:X\to Y$ 对所有的 $x=[x_{ij}]\in M_n(X)$ 满足

$$\|f_n(2[x_{ij}])-8f_n([x_{ij}])-A_n([x_{ij}])\|_n$$

$$\leqslant\sum_{i,j=1}^{n}\left(\frac{1}{11}\sum_{l=1}^{\infty}2^{l-1}\varphi\left(\frac{x_{ij}}{2^{l-1}},\frac{x_{ij}}{2^l}\right)+\frac{14}{33}\sum_{l=1}^{\infty}2^{l-1}\varphi\left(0,\frac{x_{ij}}{2^l}\right)\right).\qquad(5.2.32)$$

证明　该定理的结果用类似于定理 5.2.2 和定理 5.2.3 的证明方式得到.

推论 5.2.4　假设 r,θ 均为正实数,且 $r>1$. 若奇映射 $f:X\to Y$ 对所有的 $x=[x_{ij}],y=[y_{ij}]\in M_n(X)$ 满足式(5.2.18)，则存在唯一的可加映射 $A:X\to Y$ 对所有的 $x=[x_{ij}]\in M_n(X)$ 满足

$$\|f_n(2[x_{ij}])-8f_n([x_{ij}])-A_n([x_{ij}])\|_n\leqslant\frac{1}{33}\sum_{i,j=1}^{n}\frac{3\cdot2^r+17}{2^r-2}\theta\|x_{ij}\|^r.\quad(5.2.33)$$

证明　在定理 5.2.4 中,对所有的 $a,b\in X$, 取 $\varphi(a,b)=\theta(\|a\|^r+\|b\|^r)$, 我们就可以获得该推论的结果.

定理 5.2.5　假设函数 $\varphi:X^2\to[0,\infty)$ 对所有的 $a,b\in X$ 满足

$$\sum_{l=0}^{\infty}\frac{1}{16^{l+1}}\varphi(2^la,2^la)+\sum_{l=0}^{\infty}\frac{1}{16^{l+1}}\varphi(0,2^la)<+\infty,\qquad(5.2.34)$$

$$\lim_{k\to\infty}\frac{1}{16^k}\varphi(2^ka,2^kb)=0.\qquad(5.2.35)$$

若偶函数 $f:X\to Y$ 对所有的 $x=[x_{ij}],y=[y_{ij}]\in M_n(X)$ 满足 $f(0)=0$ 和式(5.2.4)，则存在唯一的四次映射 $Q:X\to Y$ 对所有的 $x=[x_{ij}]\in M_n(X)$ 满足

$$\|f_n([x_{ij}])-Q_n([x_{ij}])\|_n$$

$$\leqslant\sum_{i,j=1}^{n}\left(\frac{6}{11}\sum_{l=0}^{\infty}\frac{\varphi(2^lx_{ij},2^lx_{ij})}{16^{l+1}}+\frac{1}{22}\sum_{l=0}^{\infty}\frac{\varphi(0,2^lx_{ij})}{16^{l+1}}\right).\qquad(5.2.36)$$

证明 在式(5.2.6)中取 $a=0$,对所有的 $b \in X$,则有

$$\| -12f(3b) + 70f(2b) - 148f(b) \| \leqslant \varphi(0, b). \qquad (5.2.37)$$

另一方面,在式(5.2.6)中取 $a=b$,则有

$$\| -f(3b) + 4f(2b) + 17f(b) \| \leqslant \varphi(b, b). \qquad (5.2.38)$$

由式(5.2.37)和式(5.2.38)有

$$\| f(2b) - 16f(b) \| \leqslant \frac{6}{11}\varphi(b, b) + \frac{1}{22}\varphi(0, b). \qquad (5.2.39)$$

在式(5.2.39)中用 $2^l a$ 代替 a,且在式(5.2.39)两边同时除以 16^{l+1},对所有的 $a \in X$,我们有

$$\left\| \frac{f(2^{l+1}a)}{16^{l+1}} - \frac{f(2^l a)}{16^l} \right\| \leqslant \frac{6}{11} \frac{\varphi(2^l a, 2^l a)}{16^{l+1}} + \frac{1}{22} \frac{\varphi(0, 2^l a)}{16^{l+1}}. \qquad (5.2.40)$$

所以,对所有的 $a \in X$,我们有

$$\left\| \frac{f(2^q a)}{16^q} - \frac{f(2^p a)}{16^p} \right\| \leqslant \sum_{l=p}^{q-1} \left\| \frac{f(2^l a)}{16^l} - \frac{f(2^{l+1}a)}{16^{l+1}} \right\|$$

$$\leqslant \frac{6}{11}\sum_{l=p}^{q-1} \frac{\varphi(2^l a, 2^l a)}{16^{l+1}} + \frac{1}{22}\sum_{l=p}^{q-1} \frac{\varphi(0, 2^l a)}{16^{l+1}}, \qquad (5.2.41)$$

其中 p, q 均为非负整数,且 $p<q$. 由式(5.2.34)和式(5.2.41)可知, 序列 $\left\{ \dfrac{f(2^k a)}{16^k} \right\}$ 为 Cauchy 序列. 由于 Y 是完备的,所以序列 $\left\{ \dfrac{f(2^k a)}{16^k} \right\}$ 对所有的 $a \in X$ 在 Y 中收敛. 进而,对所有的 $a \in X$,我们令 $Q: X \to Y$,且定义为

$$Q(a) = \lim_{k \to \infty} \frac{1}{16^k} f(2^k a). \qquad (5.2.42)$$

在式(5.2.41)中令 $p=0$,且当 $q \to \infty$ 时,我们有

$$\| f(a) - Q(a) \| \leqslant \frac{6}{11}\sum_{l=0}^{\infty} \frac{\varphi(2^l a, 2^l a)}{16^{l+1}} + \frac{1}{22}\sum_{l=0}^{\infty} \frac{\varphi(0, 2^l a)}{16^{l+1}}. \qquad (5.2.43)$$

由式(5.2.6)、式(5.2.35)和式(5.2.41),我们有

$$\| DQ(a, b) \| = \lim_{k \to \infty} \left\| \frac{1}{16^k} Df(2^k a, 2^k b) \right\| \leqslant \lim_{k \to \infty} \frac{1}{16^k}\varphi(2^k a, 2^k b) = 0. \qquad (5.2.44)$$

根据引理 5.2.2,我们可以推导出映射 $Q:X{\rightarrow}Y$ 是四次的.

现在,假设存在另一四次映射 $Q':X{\rightarrow}Y$ 满足式(5.2.43). 令 $n=1$, 对所有的 $a\in X$,我们有

$$\|Q(a) - Q'(a)\| = \left\|\frac{1}{16^q}Q(2^q a) - \frac{1}{16^q}Q'(2^q a)\right\|$$

$$\leqslant \left\|\frac{1}{16^q}C(2^q a) - \frac{1}{16^q}f(2^q a)\right\| + \left\|\frac{1}{8^q}Q'(2^q a) - \frac{1}{8^q}f(2^q a)\right\|$$

$$\leqslant 2\left(\frac{6}{11}\sum_{l=0}^{\infty}\frac{\varphi(2^{l+q}a, 2^{l+q}a)}{16^{l+q+1}} + \frac{1}{22}\sum_{l=0}^{\infty}\frac{\varphi(0, 2^{l+q}a)}{16^{l+q+1}}\right)$$

$$= 2\left(\frac{6}{11}\sum_{l=q}^{\infty}\frac{\varphi(2^l a, 2^l a)}{16^{l+1}} + \frac{1}{22}\sum_{l=q}^{\infty}\frac{\varphi(0, 2^l a)}{16^{l+1}}\right),$$

当 $q{\rightarrow}\infty$ 时,上不等式右边趋于 0. 所以,我们可证得 $Q(a) = Q'(a)$ 成立. 这就证明了映射 Q 的唯一性. 因此,映射 $Q:X{\rightarrow}Y$ 是唯一的四次映射.

根据引理 5.2.3 和式(5.2.43)可知,对所有的 $x=[x_{ij}]\in M_n(X)$,我们有

$$\|f_n([x_{ij}]) - Q_n([x_{ij}])\|_n \leqslant \sum_{i,j=1}^{n}\|f(2x_{ij}) - Q(x_{ij})\|$$

$$\leqslant \sum_{i,j=1}^{n}\left(\frac{6}{11}\sum_{l=0}^{\infty}\frac{\varphi(2^l x_{ij}, 2^l x_{ij})}{16^{l+1}} + \frac{1}{22}\sum_{l=0}^{\infty}\frac{\varphi(0, 2^l x_{ij})}{16^{l+1}}\right).$$

所以,映射 $Q:X{\rightarrow}Y$ 是满足式(5.2.36)的唯一的四次映射. 因此,这就完成了该定理的证明.

推论 5.2.5　假设 r,θ 均为正实数,且 $r<4$. 若偶映射 $f:X{\rightarrow}Y$ 对所有的 $x=[x_{ij}], y=[y_{ij}]\in M_n(X)$ 满足 $f(0)=0$ 和式(5.2.18),则存在唯一的四次映射 $Q:X{\rightarrow}Y$ 对所有的 $x=[x_{ij}]\in M_n(X)$ 满足

$$\|f_n([x_{ij}]) - Q_n([x_{ij}])\|_n \leqslant \frac{25}{22}\sum_{i,j=1}^{n}\frac{\theta}{16 - 2^r}\|x_{ij}\|^r. \qquad (5.2.45)$$

证明　在定理 5.2.5 中,对所有的 $a,b\in X$,取 $\varphi(a,b)=\theta(\|a\|^r + \|b\|^r)$,就可证得该推论的结果成立.

定理 5.2.6　假设函数 $\varphi:X^2{\rightarrow}[0,\infty)$ 对所有的 $a,b\in X$ 满足

$$\sum_{l=1}^{\infty} 16^{l-1} \varphi\left(\frac{a}{2^l}, \frac{a}{2^l}\right) + \sum_{l=1}^{\infty} 16^{l-1} \varphi\left(0, \frac{a}{2^l}\right) < +\infty, \qquad (5.2.46)$$

$$\lim_{k \to \infty} 16^k \varphi\left(\frac{a}{2^k}, \frac{b}{2^k}\right) = 0. \qquad (5.2.47)$$

若偶函数 $f: X \to Y$ 对所有的 $x = [x_{ij}], y = [y_{ij}] \in M_n(X)$ 满足 $f(0) = 0$ 和式 (5.2.4)，则存在唯一的四次映射 $Q: X \to Y$ 对所有的 $x = [x_{ij}] \in M_n(X)$ 满足

$$\|f_n([x_{ij}]) - Q_n([x_{ij}])\|_n$$
$$\leq \sum_{i,j=1}^{n} \left(\frac{6}{11} \sum_{l=1}^{\infty} 16^{l-1} \varphi\left(\frac{x_{ij}}{2^l}, \frac{x_{ij}}{2^l}\right) + \frac{1}{22} \sum_{l=1}^{\infty} 16^{l-1} \varphi\left(0, \frac{x_{ij}}{2^l}\right) \right). \qquad (5.2.48)$$

证明 该定理结果的证明类似于定理 5.2.5 的证明. 因此，我们省去该定理的证明过程.

推论 5.2.6 假设 r, θ 均为正实数，且 $r > 4$. 若偶映射 $f: X \to Y$ 对所有的 $x = [x_{ij}], y = [y_{ij}] \in M_n(X)$ 满足 $f(0) = 0$ 和式 (5.2.18)，则存在唯一的四次映射 $Q: X \to Y$ 对所有的 $x = [x_{ij}] \in M_n(X)$ 满足

$$\|f_n([x_{ij}]) - Q_n([x_{ij}])\|_n \leq \frac{25}{22} \sum_{i,j=1}^{n} \frac{\theta}{2^r - 16} \|x_{ij}\|^r. \qquad (5.2.49)$$

证明 在定理 5.2.6 中，对所有的 $a, b \in X$，取 $\varphi(a, b) = \theta(\|a\|^r + \|b\|^r)$，我们就可获得该推论的结果.

5.3 矩阵赋范空间上的稳定性：不动点的择一性方法

基于不动点的择一性方法，本节的主要目的是改进上一节中我们所获得的定理结果，给出这些定理更替证明. 从而我们可发现利用不动点的择一性方法给出了方程 (5.2.1) 的 Hyers-Ulam 稳定性结果的更好误差估计.

定理 5.3.1 假设函数 $\varphi: X^2 \to [0, \infty)$ 对所有的 $a, b \in X$ 满足

$$\varphi(a,b) \leqslant 8\alpha\varphi\left(\frac{a}{2},\frac{b}{2}\right), \tag{5.3.1}$$

其中对某实数 α 满足条件 $\alpha<1$. 若奇函数 $f:X\to Y$ 对所有的 $x=[x_{ij}]$，$y=[y_{ij}]\in M_n(X)$ 满足式(5.2.4)，则存在唯一的三次映射 $C:X\to Y$ 对所有的 $x=[x_{ij}]\in M_n(X)$ 满足

$$\|f_n(2[x_{ij}]) - 2f_n([x_{ij}]) - C_n([x_{ij}])\|_n$$

$$\leqslant \sum_{i,j=1}^n \frac{1}{8(1-\alpha)}\left(\frac{1}{11}\varphi(2x_{ij},x_{ij}) + \frac{14}{33}\varphi(0,x_{ij})\right). \tag{5.3.2}$$

证明　当 $n=1$ 时，类似于定理 5.2.1 的证明，且由式(5.2.10)，则对所有的 $a\in X$ 有

$$\left\|g(a)-\frac{1}{8}g(2a)\right\| \leqslant \frac{1}{8}\left(\frac{1}{11}\varphi(2a,a)+\frac{14}{33}\varphi(0,a)\right). \tag{5.3.3}$$

考虑集合 $S_1 := \{q_1:X\to Y\}$，且在 S_1 上引入广义度量 d_1 定义为

$$d_1(q_1,k_1) := \inf\left\{\lambda\in\mathbb{R}_+ \;\middle|\; \|q_1(a)-k_1(a)\|\leqslant\frac{1}{11}\varphi(2a,a)+\frac{14}{33}\varphi(0,a)，\forall a\in X\right\}.$$

则容易验证 (S_1,d_1) 是一完备的广义度量空间(可见文献[28,65,146]中的证明). 令映射 $\mathcal{J}_1:S_1\to S_1$ 且定义为

$$\mathcal{J}_1 q_1(a) := \frac{1}{8}q_1(2a)，\forall q_1\in S_1，a\in X. \tag{5.3.4}$$

对任意的 $q_1,k_1\in S_1$，$\lambda\in\mathbb{R}_+$，且满足 $d_1(q_1,k_1)\leqslant\lambda$. 由 d_1 的定义，对所有的 $a\in X$，我们有

$$\|q_1(a)-k_1(a)\| \leqslant \lambda\left(\frac{1}{11}\varphi(2a,a)+\frac{14}{33}\varphi(0,a)\right).$$

因此，由式(5.3.1)有

$$\|\mathcal{J}_1 q_1(a)-\mathcal{J}_1 k_1(a)\| = \left\|\frac{1}{8}q_1(2a)-\frac{1}{8}k_1(2a)\right\|$$

$$\leqslant \frac{\lambda}{8}\left(\frac{1}{11}\varphi(2^2 a,2a)+\frac{14}{33}\varphi(0,2a)\right)$$

$$\leq \alpha\lambda\left(\frac{1}{11}\varphi(2a,a)+\frac{14}{33}\varphi(0,a)\right), \qquad (5.3.5)$$

其中对某实数 $\alpha < 1$. 所以, 对所有的 $q_1, k_1 \in S_1$, 有 $d_1(\mathcal{J}_1 q_1, \mathcal{J}_1 k_1) \leq \alpha\lambda$, 即有 $d_1(\mathcal{J}_1 q_1, \mathcal{J}_1 k_1) \leq \alpha d_1(q_1, k_1)$ 成立.

由式 (5.3.3) 可知, $d_1(g, \mathcal{J}_1 g) \leq \frac{1}{8}$ 成立. 根据定理 2.1.1, 序列 $\mathcal{J}_1^n g$ 收敛于 $\mathcal{J}_1$ 的不动点 C, 即对任意的 $a \in X$ 有

$$C: X \to Y, \lim_{n \to \infty}\frac{1}{8^n}g(2^n a) = C(a)$$

和

$$C(2a) = 8C(a) \qquad (5.3.6)$$

且 C 是集合 $S_1^* = \{q_1 \in S_1 : d_1(g, q_1) < \infty\}$ 中 $\mathcal{J}_1$ 的唯一不动点. 这就推导出 C 是满足式 (5.3.6) 唯一的映射, 且存在 $\lambda \in \mathbb{R}_+$, 使得对任意的 $a \in X$ 有

$$\|g(a) - C(a)\| \leq \lambda\left(\frac{1}{11}\varphi(2a,a)+\frac{14}{33}\varphi(0,a)\right).$$

进而, 对任意的 $a \in X$ 有

$$d_1(g, C) \leq \frac{1}{1-\alpha}d_1(g, \mathcal{J}_1 g) \leq \frac{1}{8(1-\alpha)}$$

成立. 所以, 对所有的 $a \in X$, 可以得到

$$\|g(a) - C(a)\| \leq \frac{1}{8(1-\alpha)}\left(\frac{1}{11}\varphi(2a,a)+\frac{14}{33}\varphi(0,a)\right). \qquad (5.3.7)$$

由式 (5.2.6) 和式 (5.3.1) 有

$$\|DC(a,b)\| = \lim_{l \to \infty}\frac{1}{8^l}\|Dg(2^l a, 2^l b)\|$$

$$\leq \lim_{l \to \infty}\frac{1}{8^l}(\varphi(2^l \cdot 2a, 2^l \cdot 2b) + 2\varphi(2^l a, 2^l b))$$

$$\leq \lim_{l \to \infty}\frac{8^l \alpha^l}{8^l}(\varphi(2a, 2b) + 2\varphi(a, b)) = 0.$$

所以, 我们有 $DC(a,b) = 0$. 因此, 根据引理 5.2.1, 映射 $x \mapsto C(2a) - 2C(a)$ 是三

次的. 进而, 由式(5.3.6)可推导出映射 $C:X \to Y$ 是三次的.

根据引理 5.2.3 和式(5.3.7), 对所有的 $x = [x_{ij}] \in M_n(X)$, 我们有

$$\|f_n(2[x_{ij}]) - 2f_n([x_{ij}]) - C_n([x_{ij}])\|_n$$

$$\leqslant \sum_{i,j=1}^{n} \|f(2x_{ij}) - 2f(x_{ij}) - C(x_{ij})\|$$

$$\leqslant \sum_{i,j=1}^{n} \frac{1}{8(1-\alpha)} \left(\frac{1}{11} \varphi(2x_{ij}, x_{ij}) + \frac{14}{33} \varphi(0, x_{ij}) \right).$$

因此, $C:X \to Y$ 是满足式(5.3.2)唯一的三次映射.

推论 5.3.1　假设 r, θ 均为正实数, 且 $r < 3$. 若奇映射 $f:X \to Y$ 对所有的 $x = [x_{ij}], y = [y_{ij}] \in M_n(X)$ 满足式(5.2.18), 则存在唯一的三次映射 $C:X \to Y$ 对所有的 $x = [x_{ij}] \in M_n(X)$ 满足式(5.2.19).

证明　在定理 5.3.1 中, 对所有的 $a, b \in X$, 取 $\varphi(a, b) = \theta(\|a\|^r + \|b\|^r)$ 和 $\alpha = 2^{r-3}$, 就可证明该推论的结论成立.

定理 5.3.2　假设函数 $\varphi: X^2 \to [0, \infty)$ 对所有的 $a, b \in X$ 满足

$$\varphi(a, b) \leqslant \frac{\alpha}{8} \varphi(2a, 2b), \tag{5.3.8}$$

其中对某实数 α 满足条件 $\alpha < 1$. 若奇函数 $f:X \to Y$ 对所有的 $x = [x_{ij}], y = [y_{ij}] \in M_n(X)$ 满足式(5.2.4), 则存在唯一的三次映射 $C:X \to Y$ 对所有的 $x = [x_{ij}] \in M_n(X)$ 满足

$$\|f_n(2[x_{ij}]) - 2f_n([x_{ij}]) - C_n([x_{ij}])\|_n$$
$$\leqslant \sum_{i,j=1}^{n} \frac{\alpha}{8(1-\alpha)} \left(\frac{1}{11} \varphi(2x_{ij}, x_{ij}) + \frac{14}{33} \varphi(0, x_{ij}) \right). \tag{5.3.9}$$

证明　令 (S_1, d_1) 如同定理 5.3.1 中定义的广义度量空间. 考虑映射 $\mathcal{J}_1: S_1 \to S_1$, 且定义为

$$\mathcal{J}_1 q_1(a) := 8 q_1 \left(\frac{a}{2} \right), \forall q_1 \in S_1, a \in X. \tag{5.3.10}$$

由式(5.2.10)有

$$\left\| g(a) - 8g\left(\frac{a}{2}\right) \right\| \leqslant \frac{\alpha}{8}\left(\frac{1}{11}\varphi(2a,a) + \frac{14}{33}\varphi(0,a)\right). \tag{5.3.11}$$

因此,有 $d_1(g, \mathcal{J}_1 g) \leqslant \frac{\alpha}{8}$ 成立. 所以,对所有的 $a \in X$ 有

$$d_1(g,C) \leqslant \frac{1}{1-\alpha}d_1(g,\mathcal{J}_1 g) \leqslant \frac{\alpha}{8(1-\alpha)}$$

成立. 剩下的证明类似于定理 5.3.1 的证明. 因此,这就完了成该定理的证明.

推论 5.3.2 假设 r, θ 均为正实数,且 $r > 3$. 若奇映射 $f: X \to Y$ 对所有的 $x = [x_{ij}], y = [y_{ij}] \in M_n(X)$ 满足式 (5.2.18),则存在唯一的三次映射 $C: X \to Y$ 对所有的 $x = [x_{ij}] \in M_n(X)$ 满足式 (5.2.23).

证明 在定理 5.3.2 中,对所有的 $a, b \in X$,取 $\varphi(a,b) = \theta(\|a\|^r + \|b\|^r)$ 和 $\alpha = 2^{3-r}$,就可获得该推论的结果.

定理 5.3.3 假设函数 $\varphi: X^2 \to [0, \infty)$ 对所有的 $a, b \in X$ 满足

$$\varphi(a,b) \leqslant 2\alpha\varphi\left(\frac{a}{2}, \frac{b}{2}\right), \tag{5.3.12}$$

其中对某实数 α 满足条件 $\alpha < 1$. 若奇函数 $f: X \to Y$ 对所有的 $x = [x_{ij}], y = [y_{ij}] \in M_n(X)$ 满足式 (5.2.4),则存在唯一的可加映射 $A: X \to Y$ 对所有的 $x = [x_{ij}] \in M_n(X)$ 满足

$$\|f_n(2[x_{ij}]) - 8f_n([x_{ij}]) - A_n([x_{ij}])\|_n$$
$$\leqslant \sum_{i,j=1}^{n} \frac{1}{2(1-\alpha)}\left(\frac{1}{11}\varphi(2x_{ij}, x_{ij}) + \frac{14}{33}\varphi(0, x_{ij})\right). \tag{5.3.13}$$

证明 当 $n = 1$ 时,类似于定理 5.2.3 的证明,且由式 (5.2.28),则对所有的 $a \in X$ 有

$$\left\| h(a) - \frac{1}{2}h(2a) \right\| \leqslant \frac{1}{2}\left(\frac{1}{11}\varphi(2a,a) + \frac{14}{33}\varphi(0,a)\right). \tag{5.3.14}$$

令 (S_1, d_1) 如同定理 5.3.1 中定义的广义度量空间,且定义映射 $\mathcal{J}_1: S_1 \to S_1$ 为

$$\mathcal{J}_1 q_1(a) := \frac{1}{2}q_1(2a), \forall q_1 \in S_1, a \in X. \tag{5.3.15}$$

进而,我们有 $d_1(h, \mathcal{J}_1 h) \leqslant \dfrac{1}{2}$ 成立. 所以,对所有的 $a \in X$ 有

$$d_1(h, A) \leqslant \frac{1}{1-\alpha} d_1(h, \mathcal{J}_1 h) \leqslant \frac{1}{2(1-\alpha)}$$

成立. 该定理余下的证明类似于定理 5.3.1 的证明.

推论 5.3.3　假设 r, θ 均为正实数,且 $r < 1$. 若奇映射 $f: X \to Y$ 对所有的 $x = [x_{ij}], y = [y_{ij}] \in M_n(X)$ 满足式(5.2.18),则存在唯一的可加映射 $A: X \to Y$ 对所有的 $x = [x_{ij}] \in M_n(X)$ 满足式(5.2.29).

证明　在定理 5.3.3 中,对所有的 $a, b \in X$,取 $\varphi(a, b) = \theta(\|a\|^r + \|b\|^r)$ 和 $\alpha = 2^{r-1}$,就可获得该推论的结果.

定理 5.3.4　假设函数 $\varphi: X^2 \to [0, \infty)$ 对所有的 $a, b \in X$ 满足

$$\varphi(a, b) \leqslant \frac{\alpha}{2} \varphi(2a, 2b), \tag{5.3.16}$$

其中对某实数 α 满足条件 $\alpha < 1$. 若奇函数 $f: X \to Y$ 对所有的 $x = [x_{ij}], y = [y_{ij}] \in M_n(X)$ 满足式(5.2.4),则存在唯一的可加映射 $A: X \to Y$ 对所有的 $x = [x_{ij}] \in M_n(X)$ 满足

$$\|f_n(2[x_{ij}]) - 8f_n([x_{ij}]) - A_n([x_{ij}])\|_n$$

$$\leqslant \sum_{i,j=1}^{n} \frac{\alpha}{2(1-\alpha)} \left(\frac{1}{11} \varphi(2x_{ij}, x_{ij}) + \frac{14}{33} \varphi(0, x_{ij}) \right). \tag{5.3.17}$$

证明　令 (S_1, d_1) 如同定理 5.3.1 中定义的广义度量空间,且定义映射 $\mathcal{J}_1: S_1 \to S_1$ 为

$$\mathcal{J}_1 q_1(a) := 2q_1 \left(\frac{a}{2} \right), \forall q_1 \in S_1, a \in X. \tag{5.3.18}$$

由式(5.2.28)有

$$\left\| h(a) - 2h \left(\frac{a}{2} \right) \right\| \leqslant \frac{\alpha}{2} \left(\frac{1}{11} \varphi(2a, a) + \frac{14}{33} \varphi(0, a) \right). \tag{5.3.19}$$

进而,有 $d_1(h, \mathcal{J}_1 h) \leqslant \dfrac{\alpha}{2}$ 成立. 所以,对所有的 $a \in X$ 有

$$d_1(h, A) \leqslant \frac{1}{1-\alpha} d_1(h, \mathcal{J}_1 h) \leqslant \frac{\alpha}{2(1-\alpha)}.$$

成立. 该定理余下的证明类似于定理 5.3.1 和定理 5.3.3 的证明.

推论 5.3.4 假设 r, θ 均为正实数,且 $r > 1$. 若奇映射 $f: X \to Y$ 对所有的 $x = [x_{ij}], y = [y_{ij}] \in M_n(X)$ 满足式(5.2.18),则存在唯一的可加映射 $A: X \to Y$ 对所有的 $x = [x_{ij}] \in M_n(X)$ 满足式(5.2.33).

证明 在定理 5.3.4 中,对所有的 $a, b \in X$,令 $\varphi(a, b) = \theta(\|a\|^r + \|b\|^r)$ 和 $\alpha = 2^{1-r}$,就可证明该推论的结论成立.

定理 5.3.5 假设函数 $\varphi: X^2 \to [0, \infty)$ 对所有的 $a, b \in X$ 满足

$$\varphi(a, b) \leqslant 16\alpha \varphi\left(\frac{a}{2}, \frac{b}{2}\right), \tag{5.3.20}$$

其中对某实数 α 满足条件 $\alpha < 1$. 若偶函数 $f: X \to Y$ 对所有的 $x = [x_{ij}], y = [y_{ij}] \in M_n(X)$ 满足式(5.2.4)和 $f(0) = 0$,则存在唯一的四次映射 $Q: X \to Y$ 对所有的 $x = [x_{ij}] \in M_n(X)$ 满足

$$\begin{aligned}
&\|f_n([x_{ij}]) - Q_n([x_{ij}])\|_n \\
&\leqslant \sum_{i,j=1}^{n} \frac{1}{16(1-\alpha)}\left(\frac{6}{11}\varphi(x_{ij}, x_{ij}) + \frac{1}{22}\varphi(0, x_{ij})\right).
\end{aligned} \tag{5.3.21}$$

证明 当 $n = 1$ 时,类似于定理 5.2.5 的证明,且由式(5.2.39),则对所有的 $a \in X$ 有

$$\left\|f(a) - \frac{1}{16}f(2a)\right\| \leqslant \frac{1}{16}\left(\frac{6}{11}\varphi(a, a) + \frac{1}{22}\varphi(0, a)\right). \tag{5.3.22}$$

现在,考虑集合 $S_2 := \{q_2: X \to Y\}$,且在 S_2 上引入广义度量 d_2 定义为

$$d_2(q_2, k_2) := \inf\left\{\mu \in \mathbb{R}_+ \;\middle|\; \|q_2(a) - k_2(a)\| \leqslant \frac{6}{11}\varphi(a, a) + \frac{1}{22}\varphi(0, a), \forall a \in X\right\}.$$

则容易验证 (S_2, d_2) 是一完备的广义度量空间(可见文献[28,65,146]中的证明). 令映射 $\mathcal{J}_2: S_2 \to S_2$ 且定义为

$$\mathcal{J}_2 q_2(a) := \frac{1}{16} q_2(2a)\,, \forall\, q_2 \in S_2, a \in X. \tag{5.3.23}$$

对任意的 $q_2, k_2 \in S_1, \mu \in \mathbb{R}_+,$ 且满足 $d_2(q_2, k_2) \leqslant \mu.$ 由 d_2 的定义,对所有的 $a \in X,$ 我们有

$$\| q_2(a) - k_2(a) \| \leqslant \mu\left(\frac{6}{11}\varphi(a,a) + \frac{1}{22}\varphi(0,a)\right).$$

因此,由式(5.3.20)有

$$\| \mathcal{J}_2 q_2(a) - \mathcal{J}_2 k_2(a) \| = \left\| \frac{1}{16}q_1(2a) - \frac{1}{16}k_1(2a)\right\|$$

$$\leqslant \frac{\mu}{16}\left(\frac{6}{11}\varphi(2a,2a) + \frac{1}{22}\varphi(0,2a)\right)$$

$$\leqslant \alpha\mu\left(\frac{6}{11}\varphi(a,a) + \frac{1}{22}\varphi(0,a)\right), \tag{5.3.24}$$

其中对某实数 $\alpha < 1.$ 所以,对所有的 $q_2, k_2 \in S_2,$ 有 $d_2(\mathcal{J}_2 q_2, \mathcal{J}_2 k_2) \leqslant \alpha\mu,$ 即有 $d_2(\mathcal{J}_2 q_2, \mathcal{J}_2 k_2) \leqslant \alpha d_2(q_2, k_2)$ 成立.

由式(5.3.22)可知,$d_2(f, \mathcal{J}_2 f) \leqslant \frac{1}{16}$ 成立. 根据定理 2.1.1,序列 $\mathcal{J}_2^n f$ 收敛于 $\mathcal{J}_2$ 的不动点 $Q,$ 即对任意的 $a \in X$ 有

$$Q : X \to Y, \lim_{n \to \infty} \frac{1}{16^n} f(2^n a) = Q(a)$$

和

$$Q(2a) = 16Q(a) \tag{5.3.25}$$

且 Q 是集合 $S_2^* = \{ q_2 \in S_2 : d_2(f, q_2) < \infty \}$ 中 $\mathcal{J}_2$ 的唯一不动点. 这就推导出 Q 是满足式(5.3.25)的唯一的映射,且存在 $\mu \in \mathbb{R}_+,$ 使得对任意的 $a \in X$ 有

$$\| f(a) - Q(a) \| \leqslant \mu\left(\frac{6}{11}\varphi(a,a) + \frac{1}{22}\varphi(0,a)\right).$$

且对任意的 $a \in X$ 有

$$d_2(f, Q) \leqslant \frac{1}{1-\alpha} d_2(f, \mathcal{J}_2 f) \leqslant \frac{1}{16(1-\alpha)}$$

成立. 所以, 对所有的 $a \in X$, 可以得到

$$\|f(a) - Q(a)\| \leqslant \frac{1}{16(1-\alpha)}\left(\frac{6}{11}\varphi(a,a) + \frac{1}{22}\varphi(0,a)\right). \quad (5.3.26)$$

由式(5.2.6)和式(5.3.20)有

$$\|DQ(a,b)\| = \lim_{l \to \infty} \frac{1}{16^l}\|Df(2^l a, 2^l b)\| \leqslant \lim_{l \to \infty} \frac{1}{16^l}\varphi(2^l a, 2^l b)$$

$$\leqslant \lim_{l \to \infty} \frac{16^l \alpha^l}{16^l}\varphi(a,b) = 0.$$

所以, 我们有 $DQ(a,b) = 0$. 因此, 根据引理 5.2.2, 映射 $Q: X \to Y$ 是四次的.

根据引理 5.2.3 和式(5.3.26), 对所有的 $x = [x_{ij}] \in M_n(X)$, 我们有

$$\|f_n([x_{ij}]) - Q_n([x_{ij}])\|_n \leqslant \sum_{i,j=1}^{n} \|f(2x_{ij}) - Q(x_{ij})\|$$

$$\leqslant \sum_{i,j=1}^{n} \frac{1}{16(1-\alpha)}\left(\frac{6}{11}\varphi(x_{ij}, x_{ij}) + \frac{1}{22}\varphi(0, x_{ij})\right).$$

因此, $Q: X \to Y$ 是满足式(5.3.21)唯一的四次映射.

推论 5.3.5   假设 r, θ 均为正实数, 且 $r < 4$. 若偶映射 $f: X \to Y$ 对所有的 $x = [x_{ij}], y = [y_{ij}] \in M_n(X)$ 满足式(5.2.18)和 $f(0) = 0$, 则存在唯一的四次映射 $Q: X \to Y$ 对所有的 $x = [x_{ij}] \in M_n(X)$ 满足式(5.2.45).

证明   在定理 5.3.5 中, 对所有的 $a, b \in X$, 令 $\varphi(a,b) = \theta(\|a\|^r + \|b\|^r)$ 和 $\alpha = 2^{r-4}$, 就可证明该推论的结论成立.

定理 5.3.6   假设函数 $\varphi: X^2 \to [0, \infty)$ 对所有的 $a, b \in X$ 满足

$$\varphi(a,b) \leqslant \frac{\alpha}{16}\varphi(2a, 2b), \quad (5.3.27)$$

其中对某实数 α 满足条件 $\alpha < 1$. 若偶函数 $f: X \to Y$ 对所有的 $x = [x_{ij}], y = [y_{ij}] \in M_n(X)$ 满足式(5.2.4)和 $f(0) = 0$, 则存在唯一的四次映射 $Q: X \to Y$ 对所有的 $x = [x_{ij}] \in M_n(X)$ 满足

$$\|f_n([x_{ij}]) - Q_n([x_{ij}])\|_n$$
$$\leqslant \sum_{i,j=1}^{n} \frac{\alpha}{16(1-\alpha)}\left(\frac{6}{11}\varphi(x_{ij}, x_{ij}) + \frac{1}{22}\varphi(0, x_{ij})\right). \quad (5.3.28)$$

证明　令 (S_2, d_2) 如同定理 5.3.5 中定义的广义度量空间,且定义映射 $\mathcal{J}_2$: $S_2 \to S_2$ 为

$$\mathcal{J}_2 q_2(a) := 16 q_2\left(\frac{a}{2}\right), \ \forall\, q_2 \in S_2, a \in X. \tag{5.3.29}$$

由式(5.2.39)有

$$\left\| f(a) - 16 f\left(\frac{a}{2}\right) \right\| \leqslant \frac{\alpha}{16}\left(\frac{6}{11}\varphi(a,a) + \frac{1}{22}\varphi(0,a)\right). \tag{5.3.30}$$

进而,有 $d_2(f, \mathcal{J}_2 f) \leqslant \dfrac{\alpha}{16}$ 成立. 所以,对所有的 $a \in X$ 有

$$d_2(f, Q) \leqslant \frac{1}{1-\alpha} d_2(f, \mathcal{J}_2 f) \leqslant \frac{\alpha}{16(1-\alpha)}$$

成立. 定理剩下部分的证明类似于定理 5.3.5 的证明.

推论 5.3.6　假设 r, θ 均为正实数,且 $r>4$. 若偶映射 $f: X \to Y$ 对所有的 $x = [x_{ij}], y = [y_{ij}] \in M_n(X)$ 满足式(5.2.18)和 $f(0) = 0$,则存在唯一的四次映射 Q: $X \to Y$ 对所有的 $x = [x_{ij}] \in M_n(X)$ 满足式(5.2.49).

证明　在定理 5.3.6 中,对所有的 $a, b \in X$,令 $\varphi(a,b) = \theta(\|a\|^r + \|b\|^r)$ 和 $\alpha = 2^{4-r}$,就可证明该推论的结论成立.

5.4　矩阵模糊赋范空间上的稳定性

在本节中,我们将进一步利用不动点的择一性方法在矩阵模糊赋范空间上讨论方程(5.2.1)的 Hyers-Ulam 稳定性. 假设 X 是线性空间, $(X, \{N_n\})$ 是矩阵模糊赋范空间, $(Y, \{N_n\})$ 是矩阵模糊 Banach 空间,且 n 为固定正整数. 在讨论本节稳定性的主要结果之前,首先介绍引理 5.4.1,在讨论方程(5.2.1)的稳定性相关结果的证明中,引理 5.4.1 起到了很重要的作用.

引理 5.4.1　(cf. [192]). 假设 $(X, \{N_n\})$ 是矩阵模糊赋范空间. 则有下列结论成立:

(1) $\forall x \in X$ 和 $\forall t > 0$，$N_n(E_{kl} \otimes x, t) = N(x, t)$；

(2) $\forall [x_{ij}] \in M_n(X)$ 和 $t = \sum\limits_{i,j=1}^{n} t_{ij}$，

$$N(x_{kl}, t) \geqslant N_n([x_{ij}], t) \geqslant \min\{N(x_{ij}, t_{ij}): i, j = 1, 2, \cdots, n\},$$

$$N(x_{kl}, t) \geqslant N_n([x_{ij}], t) \geqslant \min\left\{N\left(x_{ij}, \frac{t}{n^2}\right): i, j = 1, 2, \cdots, n\right\};$$

(3) $\forall x_n = [x_{ijn}]$，$\forall x = [x_{ij}] \in M_k(X)$，$\lim\limits_{n \to \infty} x_n = x$ 当且仅当 $\lim\limits_{n \to \infty} x_{ijn} = x_{ij}$.

定理 5.4.1 假设函数 $\varphi: X^2 \to [0, \infty)$ 对所有的 $a, b \in X$ 满足

$$\varphi(a, b) \leqslant 8\alpha\varphi\left(\frac{a}{2}, \frac{b}{2}\right), \tag{5.4.1}$$

其中对某实数 α 满足条件 $\alpha < 1$. 若奇函数 $f: X \to Y$ 对所有的 $x = [x_{ij}], y = [y_{ij}] \in M_n(X)$ 和 $t > 0$ 满足

$$N_n(Df_n([x_{ij}], [y_{ij}]), t) \geqslant \frac{t}{t + \sum\limits_{i,j=1}^{n} \varphi(x_{ij}, y_{ij})}. \tag{5.4.2}$$

则存在唯一的三次映射 $C: X \to Y$ 对所有的 $x = [x_{ij}] \in M_n(X)$ 和 $t > 0$ 满足

$$N_n(f_n(2[x_{ij}]) - 2f_n([x_{ij}]) - C_n([x_{ij}]), t)$$

$$\geqslant \frac{(264 - 264\alpha)t}{(264 - 264\alpha)t + 17n^2 \sum\limits_{i,j=1}^{n} (\varphi(2x_{ij}, x_{ij}) + \varphi(0, x_{ij}))}. \tag{5.4.3}$$

证明 在式 (5.4.2) 中取 $n = 1$，则式 (5.4.2) 等价于

$$N(Df(a, b), t) \geqslant \frac{t}{t + \varphi(a, b)}, \ \forall a, b \in X, t > 0. \tag{5.4.4}$$

根据文献 [115, Theorem 3] 中的证明可知，存在唯一的三次映射 $C: X \to Y$ 对所有的 $a \in X$ 和 $t > 0$ 满足

$$N(f(2a) - 2f(a) - C(a), t) \geqslant \frac{(264 - 264\alpha)t}{(264 - 264\alpha)t + 17(\varphi(2a, a) + \varphi(0, a))}. \tag{5.4.5}$$

于是，可以定义映射 $C: X \to Y$ 为

$$C(a) = N\text{-}\lim\limits_{l \to \infty} \frac{f(2^{l+1}a) - 2f(2^l a)}{8^l}, \ \forall a \in X.$$

根据引理 5.4.1 和式(5.4.5)，对所有的 $x = [x_{ij}] \in M_n(X)$ 和 $t > 0$，我们可得到

$$N_n(f_n(2[x_{ij}]) - 2f_n([x_{ij}]) - C_n([x_{ij}]), t)$$

$$\geq \min\left\{N\left(f(2x_{ij}) - 2f(x_{ij}) - C(x_{ij}), \frac{t}{n^2}\right) : i, j = 1, 2, \cdots, n\right\}$$

$$\geq \min\left\{\frac{(264 - 264\alpha)t}{(264 - 264\alpha)t + 17n^2(\varphi(2x_{ij}, x_{ij}) + \varphi(0, x_{ij}))} : i, j = 1, 2, \cdots, n\right\}$$

$$\geq \frac{(264 - 264\alpha)t}{(264 - 264\alpha)t + 17n^2 \sum\limits_{i,j=1}^{n}(\varphi(2x_{ij}, x_{ij}) + \varphi(0, x_{ij}))}.$$

因此，映射 $C: X \to Y$ 是满足式(5.4.3)的唯一的三次映射. 这就完成了该定理的证明.

推论 5.4.1　假设 r, θ 均为正实数，且 $r < 3$. 若奇映射 $f: X \to Y$ 对所有的 $x = [x_{ij}], y = [y_{ij}] \in M_n(X)$ 和 $t > 0$ 满足

$$N_n(Df_n([x_{ij}], [y_{ij}]), t) \geq \frac{t}{t + \sum\limits_{i,j=1}^{n}\theta(\|x_{ij}\|^r + \|y_{ij}\|^r)}, \qquad (5.4.6)$$

则存在唯一的三次映射 $C: X \to Y$ 对所有的 $x = [x_{ij}] \in M_n(X)$ 和 $t > 0$ 满足

$$N_n(f_n(2[x_{ij}]) - 2f_n([x_{ij}]) - C_n([x_{ij}]), t)$$

$$\geq \frac{(264 - 33 \cdot 2^r)t}{(264 - 33 \cdot 2^r)t + 17n^2(2^r + 2)\sum\limits_{i,j=1}^{n}\theta\|x_{ij}\|^r}. \qquad (5.4.7)$$

证明　在定理 5.4.1 中，对所有的 $a, b \in X$，令 $\varphi(a, b) = \theta(\|a\|^r + \|b\|^r)$ 和 $\alpha = 2^{r-3}$，就可直接得到该推论的结果.

定理 5.4.2　假设函数 $\varphi: X^2 \to [0, \infty)$ 对所有的 $a, b \in X$ 满足

$$\varphi(a, b) \leq \frac{\alpha}{8}\varphi(2a, 2b), \qquad (5.4.8)$$

其中对某实数 α 满足条件 $\alpha < 1$. 若奇函数 $f: X \to Y$ 对所有的 $x = [x_{ij}], y = [y_{ij}] \in$

$M_n(X)$和$t>0$满足式$(5.4.2)$，则存在唯一的三次映射$C:X \to Y$对所有的$x = [x_{ij}] \in M_n(X)$和$t>0$满足

$$N_n(f_n(2[x_{ij}]) - 2f_n([x_{ij}]) - C_n([x_{ij}]), t)$$

$$\geqslant \frac{(264 - 264\alpha)t}{(264 - 264\alpha)t + 17n^2\alpha \sum_{i,j=1}^{n} (\varphi(2x_{ij}, x_{ij}) + \varphi(0, x_{ij}))}. \tag{5.4.9}$$

证明 该定理的证明类似于定理 5.4.1 的证明，就可以直接得到定理的结果.

推论 5.4.2 假设r, θ均为正实数，且$r>3$. 若奇映射$f:X \to Y$对所有的$x = [x_{ij}], y = [y_{ij}] \in M_n(X)$和$t>0$满足式$(5.4.6)$，则存在唯一的三次映射$C:X \to Y$对所有的$x = [x_{ij}] \in M_n(X)$和$t>0$满足

$$N_n(f_n(2[x_{ij}]) - 2f_n([x_{ij}]) - C_n([x_{ij}]), t)$$

$$\geqslant \frac{(33 \cdot 2^r - 264)t}{(33 \cdot 2^r - 264)t + 17n^2(2^r + 2) \sum_{i,j=1}^{n} \theta \| x_{ij} \|^r}. \tag{5.4.10}$$

证明 在定理 5.4.2 中，对所有的$a, b \in X$，令$\varphi(a,b) = \theta(\| a \|^r + \| b \|^r)$和$\alpha = 2^{3-r}$，我们可证明式$(5.4.10)$成立.

定理 5.4.3 假设函数$\varphi:X^2 \to [0, \infty)$对所有的$a, b \in X$满足

$$\varphi(a, b) \leqslant 2\alpha\varphi\left(\frac{a}{2}, \frac{b}{2}\right), \tag{5.4.11}$$

其中对某实数α满足条件$\alpha<1$. 若奇函数$f:X \to Y$对所有的$x = [x_{ij}], y = [y_{ij}] \in M_n(X)$和$t>0$满足式$(5.4.2)$，则存在唯一的可加映射$A:X \to Y$对所有的$x = [x_{ij}] \in M_n(X)$和$t>0$满足

$$N_n(f_n(2[x_{ij}]) - 8f_n([x_{ij}]) - A_n([x_{ij}]), t)$$

$$\geqslant \frac{(66 - 66\alpha)t}{(66 - 66\alpha)t + 17n^2 \sum_{i,j=1}^{n} (\varphi(2x_{ij}, x_{ij}) + \varphi(0, x_{ij}))}. \tag{5.4.12}$$

证明 在式$(5.4.2)$中取$n=1$，则式$(5.4.2)$等价于式$(5.4.4)$. 根据文献

[115, Theorem 5] 中的证明可知, 存在唯一的可加映射 $A:X \to Y$ 对所有的 $a \in X$ 和 $t>0$ 满足

$$N(f(2a)-8f(a)-A(a),t) \geqslant \frac{(66-66\alpha)t}{(66-66\alpha)t+17(\varphi(2a,a)+\varphi(0,a))}. \quad (5.4.13)$$

于是, 映射 $C:X \to Y$ 可定义为

$$A(a) = N-\lim_{l \to \infty} \frac{f(2^{l+1}a)-8f(2^l a)}{2^l}, \forall a \in X.$$

根据引理 5.4.1 和式 (5.4.13), 对所有的 $x = [x_{ij}] \in M_n(X)$ 和 $t>0$, 我们有

$$N_n(f_n(2[x_{ij}]) - 8f_n([x_{ij}]) - A_n([x_{ij}]), t)$$

$$\geqslant \min\left\{N\left(f(2x_{ij}) - 8f(x_{ij}) - A(x_{ij}), \frac{t}{n^2}\right) : i,j = 1,2,\cdots,n\right\}$$

$$\geqslant \min\left\{\frac{(66-66\alpha)t}{(66-66\alpha)t+17n^2(\varphi(2x_{ij},x_{ij})+\varphi(0,x_{ij}))} : i,j = 1,2,\cdots,n\right\}$$

$$\geqslant \frac{(66-66\alpha)t}{(66-66\alpha)t+17n^2\sum_{i,j=1}^n(\varphi(2x_{ij},x_{ij})+\varphi(0,x_{ij}))}.$$

因此, 映射 $A:X \to Y$ 是满足式 (5.4.12) 的唯一的可加映射. 这样我们就完成了该定理的证明.

推论 5.4.3　假设 r,θ 均为正实数, 且 $r<1$. 若奇映射 $f:X \to Y$ 对所有的 $x = [x_{ij}], y = [y_{ij}] \in M_n(X)$ 和 $t>0$ 满足式 (5.4.6), 则存在唯一的可加映射 $A:X \to Y$ 对所有的 $x = [x_{ij}] \in M_n(X)$ 和 $t>0$ 满足

$$N_n(f_n(2[x_{ij}]) - 8f_n([x_{ij}]) - A_n([x_{ij}]), t)$$

$$\geqslant \frac{(66-33 \cdot 2^r)t}{(66-33 \cdot 2^r)t+17n^2(2^r+2)\sum_{i,j=1}^n \theta \|x_{ij}\|^r}. \quad (5.4.14)$$

证明　在定理 5.4.3 中, 对所有的 $a,b \in X$, 令 $\varphi(a,b) = \theta(\|a\|^r+\|b\|^r)$ 和 $\alpha = 2^{r-1}$, 我们可证明式 (5.4.14) 成立.

定理 5.4.4 假设函数 $\varphi:X^2\rightarrow[0,\infty)$ 对所有的 $a,b\in X$ 满足

$$\varphi(a,b)\leqslant\frac{\alpha}{2}\varphi(2a,2b),\qquad\qquad(5.4.15)$$

其中对某实数 α 满足条件 $\alpha<1$. 若奇函数 $f:X\rightarrow Y$ 对所有的 $x=[x_{ij}],y=[y_{ij}]\in M_n(X)$ 和 $t>0$ 满足式(5.4.2),则存在唯一的可加映射 $A:X\rightarrow Y$ 对所有的 $x=[x_{ij}]\in M_n(X)$ 和 $t>0$ 满足

$$N_n(f_n(2[x_{ij}])-8f_n([x_{ij}])-A_n([x_{ij}]),t)$$

$$\geqslant\frac{(66-66\alpha)t}{(66-66\alpha)t+17n^2\alpha\sum_{i,j=1}^n(\varphi(2x_{ij},x_{ij})+\varphi(0,x_{ij}))}.\qquad(5.4.16)$$

证明 该定理的证明类似于定理 5.4.3 的证明,就可以直接得到定理的结果.

推论 5.4.4 假设 r,θ 均为正实数,且 $r>1$. 若奇映射 $f:X\rightarrow Y$ 对所有的 $x=[x_{ij}],y=[y_{ij}]\in M_n(X)$ 和 $t>0$ 满足式(5.4.6),则存在唯一的可加映射 $A:X\rightarrow Y$ 对所有的 $x=[x_{ij}]\in M_n(X)$ 和 $t>0$ 满足

$$N_n(f_n(2[x_{ij}])-8f_n([x_{ij}])-A_n([x_{ij}]),t)$$

$$\geqslant\frac{(33\cdot2^r-66)t}{(33\cdot2^r-66)t+17n^2(2^r+2)\sum_{i,j=1}^n\theta\|x_{ij}\|^r}.\qquad(5.4.17)$$

证明 在定理 5.4.4 中,对所有的 $a,b\in X$,令 $\varphi(a,b)=\theta(\|a\|^r+\|b\|^r)$ 和 $\alpha=2^{1-r}$,我们就可证明该推论的结论成立.

定理 5.4.5 假设函数 $\varphi:X^2\rightarrow[0,\infty)$ 对所有的 $a,b\in X$ 满足

$$\varphi(a,b)\leqslant16\alpha\varphi\left(\frac{a}{2},\frac{b}{2}\right),\qquad\qquad(5.4.18)$$

其中对某实数 α 满足条件 $\alpha<1$. 若偶函数 $f:X\rightarrow Y$ 对所有的 $x=[x_{ij}],y=[y_{ij}]\in M_n(X)$ 和 $t>0$ 满足式(5.4.2)和 $f(0)=0$,则存在唯一的四次映射 $Q:X\rightarrow Y$ 对所有的 $x=[x_{ij}]\in M_n(X)$ 和 $t>0$ 满足

$$N_n(f_n([x_{ij}]) - Q_n([x_{ij}]),t)$$

$$\geq \frac{(352 - 352\alpha)t}{(352 - 352\alpha)t + 13n^2 \sum\limits_{i,j=1}^{n}(\varphi(x_{ij},x_{ij}) + \varphi(0,x_{ij}))}. \tag{5.4.19}$$

证明　在式(5.4.2)中取 $n=1$，则式(5.4.2)等价于式(5.4.4). 根据文献 [115,Theorem 7]中的证明可知，存在唯一的四次映射 $Q:X \rightarrow Y$ 对所有的 $a \in X$ 和 $t>0$ 满足

$$N(f(a)-Q(a),t) \geq \frac{(352-352\alpha)t}{(352-352\alpha)t+13(\varphi(a,a)+\varphi(0,a))}. \tag{5.4.20}$$

于是，映射 $Q:X \rightarrow Y$ 可定义为

$$Q(a) = N\text{-}\lim_{l \to \infty} \frac{f(2^l a)}{16^l}, \forall a \in X.$$

根据引理 5.4.1 和式(5.4.20)，对所有的 $x=[x_{ij}] \in M_n(X)$ 和 $t>0$，我们有

$$N_n(f_n([x_{ij}]) - Q_n([x_{ij}]),t)$$

$$\geq \min\left\{N\!\left(f(x_{ij}) - Q(x_{ij}),\frac{t}{n^2}\right):i,j=1,2,\cdots,n\right\}$$

$$\geq \min\left\{\frac{(352 - 352\alpha)t}{(352 - 352\alpha)t + 13n^2(\varphi(x_{ij},x_{ij}) + \varphi(0,x_{ij}))}:i,j=1,2,\cdots,n\right\}$$

$$\geq \frac{(352 - 352\alpha)t}{(352 - 352\alpha)t + 13n^2 \sum\limits_{i,j=1}^{n}(\varphi(x_{ij},x_{ij}) + \varphi(0,x_{ij}))}.$$

因此，映射 $Q:X \rightarrow Y$ 是满足式(5.4.19)的唯一的四次映射. 这就完成了该定理的证明.

推论 5.4.5　假设 r,θ 均为正实数，且 $r<4$. 若偶映射 $f:X \rightarrow Y$ 对所有的 $x=[x_{ij}],y=[y_{ij}] \in M_n(X)$ 和 $t>0$ 满足式(5.4.6)和 $f(0)=0$，则存在唯一的四次映射 $Q:X \rightarrow Y$ 对所有的 $x=[x_{ij}] \in M_n(X)$ 和 $t>0$ 满足

$$N_n(f_n([x_{ij}]) - Q_n([x_{ij}]),t) \geq \frac{(352 - 22 \cdot 2^r)t}{(352 - 22 \cdot 2^r)t + 39n^2 \sum\limits_{i,j=1}^{n}\theta\|x_{ij}\|^r}. \tag{5.4.21}$$

证明 在定理 5.4.5 中,对所有的 $a,b \in X$,令 $\varphi(a,b) = \theta(\|a\|^r + \|b\|^r)$ 和 $\alpha = 2^{r-4}$,我们可证明式(5.4.21)成立.

定理 5.4.6 假设函数 $\varphi: X^2 \to [0, \infty)$ 对所有的 $a,b \in X$ 满足

$$\varphi(a,b) \leqslant \frac{\alpha}{16} \varphi(2a,2b), \tag{5.4.22}$$

其中对某实数 α 满足条件 $\alpha < 1$. 若偶函数 $f: X \to Y$ 对所有的 $x = [x_{ij}], y = [y_{ij}] \in M_n(X)$ 和 $t > 0$ 满足式(5.4.2)和 $f(0) = 0$,则存在唯一的四次映射 $Q: X \to Y$ 对所有的 $x = [x_{ij}] \in M_n(X)$ 和 $t > 0$ 满足

$$N_n(f_n([x_{ij}]) - Q_n([x_{ij}]), t)$$

$$\geqslant \frac{(352 - 352\alpha)t}{(352 - 352\alpha)t + 13n^2\alpha \sum_{i,j=1}^{n} (\varphi(x_{ij}, x_{ij}) + \varphi(0, x_{ij}))}. \tag{5.4.23}$$

证明 该定理的证明类似于定理 5.4.5 的证明,因此我们可以直接得到定理的结果.

推论 5.4.6 假设 r, θ 均为正实数,且 $r > 4$. 若偶映射 $f: X \to Y$ 对所有的 $x = [x_{ij}], y = [y_{ij}] \in M_n(X)$ 和 $t > 0$ 满足式(5.4.6)和 $f(0) = 0$,则存在唯一的四次映射 $Q: X \to Y$ 对所有的 $x = [x_{ij}] \in M_n(X)$ 和 $t > 0$ 满足

$$N_n(f_n([x_{ij}]) - Q_n([x_{ij}]), t) \geqslant \frac{(22 \cdot 2^r - 352)t}{(22 \cdot 2^r - 352)t + 39n^2 \sum_{i,j=1}^{n} \theta \|x_{ij}\|^r}. \tag{5.4.24}$$

证明 在定理 5.4.6 中,对所有的 $a,b \in X$,令 $\varphi(a,b) = \theta(\|a\|^r + \|b\|^r)$ 和 $\alpha = 2^{4-r}$,我们可证明式(5.4.24)成立.

注 5.4.1 本章主要应用直接法和不动点的择一性方法研究了在不同类型的矩阵赋范空间上混合型可加、三次与四次泛函方程的 Hyers-Ulam 稳定性. 关于这一研究主题更深入系统的内容, 可以参考文献[135,137,188,241]以及这些参考文献中的参考文献.

第6章 两类三次模糊集值泛函方程的稳定性

本章主要研究两类三次模糊集值泛函方程的 Hyers-Ulam 稳定性. 我们借助 Jensen 型三次泛函方程 和 n 维三次泛函方程,给出两类三次模糊集值泛函方程的定义,进而利用不动点的择一性方法,证明这两类三次模糊集值方程的 Hyers-Ulam 稳定性,所获得的稳定性结果可分别作为单值泛函方程和集值泛函方程的 Hyers-Ulam 稳定性推广. 在本章中,假设 $\mathbb{R}$ 表示所有实数的集合,$\mathbb{R}_+$ 表示所有正实数的集合,$\mathbb{R}^n$ 表示 n 维 Euclidean 空间.

6.1 有关概念与性质

在本节中,我们给出 Hausdorff 度量与模糊集的概念及相关性质,这些内容是在本章中讨论模糊集值泛函方程的 Hyers-Ulam 稳定性基础. 假设 Y 表示 $\mathbb{R}$ 的子集,$\mathscr{K}(Y)$ 表示 Y 中所有的非空紧子集的集合,$\mathscr{K}_c(Y)$ 表示 Y 中所有的非空紧凸子集的集合,$\mathscr{P}(Y)$ 表示 Y 中所有的非空闭子集的集合.

定义 6.1.1 假设 A,B 是 Y 中任意的两个非空子集,Minkowski 加法定义为 $A+B=\{x\in Y\,|\,x=a+b,a\in A,b\in B\}$,标量乘法定义为 $\lambda A=\{x\in Y\,|\,x=\lambda a,a\in A\}$,其中 $\lambda\in\mathbb{R}$.

定义 6.1.2 若有 $A+A\subseteq A$ 和 $\lambda A\subseteq A$ 成立,其中对所有的 $\lambda>0$,则子集 $A\subseteq Y$ 是一个锥. 若 Y 的子集 A 中包含零向量,则称 A 是一个包含零元素 $\{0\}$ 的锥.

值得注意的是,$\mathscr{K}(Y)$ 和 $\mathscr{K}_C(Y)$ 在 Minkowski 加法和标量乘法运算下是封闭的. 事实上,这两种运算分别在 $\mathscr{K}(Y)$ 和 $\mathscr{K}_C(Y)$ 上诱导出包含零元素 $\{0\}$ 的线性结构. 由于有 $A+(-1)A\neq\{0\}$ 成立. 因此,这类型线性结构只是一个锥,而不是一个向量空间.

引理 6.1.1 （cf. [179]）. 假设 $\lambda,\mu\in\mathbb{R}$,若 A,B 是 Y 的两个非空子集,则

$$\lambda(A+B)=\lambda A+\lambda B \text{ 和} (\lambda+\mu)A\subseteq\lambda A+\mu A.$$

进而,若 A 是凸的,且 $\lambda\mu\geqslant 0$,则 $(\lambda+\mu)A=\lambda A+\mu A$.

假设 $(Y,\|\cdot\|_Y)$ 是一实可分 Banach 空间. 我们可定义 B 与 A 的 Hausdorff 分离为

$$d_H^*(B,A)=\inf\{\varepsilon>0\mid B\subseteq A+\varepsilon\overline{S}_1\},$$

其中 $\overline{S}_1=\{y\in Y\mid\|y\|_Y\leqslant 1\}$. 与此同时,关于 A 与 B 的 Hausdorff 分离也可以用类似的方法定义.

定义 6.1.3　若对于任意的两个非空子集 A,B,则在 A 与 B 之间的 Hausdorff 度量有如下定义

$$d_H(A,B)=\max\{d_H^*(A,B),d_H^*(B,A)\}.$$

值得注意的是,Hausdorff 度量是一广义度量. 例如,考虑 $Y=\mathbb{R}^2$;$A=\{(x,0)\mid x\geqslant 0\}$ 和 $B=\{(0,y)\mid y\geqslant 0\}$,则 $d_H^*(A,B)=d_H^*(A,B)=+\infty$,且 $d_H(A,B)=+\infty$.

若 $A,B\in\mathscr{K}(Y)$ 或 $\mathscr{K}_C(Y)$,则对所有的 $\lambda\in\mathbb{R}$,有 $d_H(\lambda A,\lambda B)=|\lambda|d_H(A,B)$ 成立. 根据 Hausdorff 度量的性质可知,$(\mathscr{P}(Y),d_H)$ 是一度量空间. 事实上,我们也可以从文献 [29,Theorem Ⅱ-3,p.40] 中得知,$(\mathscr{P}(Y),d_H)$ 是一完备的度量空间. 很显然,$\mathscr{K}(Y)$ 与 $\mathscr{K}_C(Y)$ 是 $\mathscr{P}(Y)$ 的闭子集. 所以,$(\mathscr{K}(Y),d_H)$ 和 $(\mathscr{K}_C(Y),d_H)$ 均为完备的度量空间.

1991 年,Inoue[72] 推广了定义在 $\mathbb{R}$ 或 $\mathbb{R}^n$ 上的常用模糊集,且用更一般的 Banach 空间代替模糊集的基空间,给出了 Banach 空间值模糊集的概念.

定义在 Y 上的模糊集是映射 $u:Y\rightarrow[0,1]$. 用 $\mathscr{F}(Y)$ 表示在 Y 定义的所有模糊集的集合. 且记 $\mathscr{F}_K(Y)=\{u\mid u:Y\rightarrow[0,1]\}$ 满足下列性质:

（Ⅰ）u 是正规的，即 $[u]^1 = \{y \in Y \mid u(y) \geqslant 1\}$ 非空；

（Ⅱ）u 是上半连续的；

（Ⅲ）$\forall \alpha \in (0,1]$，$[u]^\alpha = \{y \in Y \mid u(y) \geqslant \alpha\}$ 是紧集；

（Ⅳ）$[u]^0 = \overline{\bigcup_{\alpha \in (0,1]} [u]^\alpha}$ 是 Y 的有界子集.

事实上，由（Ⅱ）和（Ⅳ）可知，$[u]^0$ 也是紧的. 用 $\mathscr{F}_{KC}(Y)$ 表示 $\mathscr{F}(Y)$ 的子空间，且其元素满足（Ⅰ）-（Ⅳ）和

（Ⅴ）u 是模糊凸的，即 $\forall \alpha \in (0,1]$，$[u]^\alpha$ 是凸的.

类似于在 $\mathbb{R}$ 或 $\mathbb{R}^n$ 中的模糊集定义方式，对任意的 $u,v \in \mathscr{F}(Y)$ 和 $\gamma \in \mathbb{R}$，在 $\mathscr{F}(Y)$ 中可定义如下的线性结构：

$$(u \oplus v)(y) = \sup_{x+z=y} \min\{u(x), v(z)\},$$

$$(\gamma u)(y) = \begin{cases} u\left(\dfrac{y}{\gamma}\right), & \text{若 } \gamma \neq 0, \\ I_0(y), & \text{若 } \gamma = 0, \end{cases}$$

其中当 $y=0$ 时，$I_0(0)=1$；当 $y \neq 0$ 时，$I_0(y)=0$. 所以，在这些运算下，$\mathscr{F}(Y)$ 是闭的，且对任意的 $\alpha \in (0,1]$ 和 $\lambda \in \mathbb{R}$，水平集的表现形式为

$$[u \oplus v]^\alpha = [u]^\alpha + [v]^\alpha \text{ 和 } [\lambda u]^\alpha = \lambda [u]^\alpha.$$

容易验证在这些运算下，$\mathscr{F}_{KC}(Y)$ 也是闭的. 根据上面所提及的表述，可直接获得如下引理.

引理 6.1.2　（cf. [220,引理 1]）. 对于任意的 $u,v \in \mathscr{F}_{KC}(Y)$ 和 $\lambda,\mu \in \mathbb{R}$，有下面的结论成立：

（ⅰ）$\lambda(u \oplus v) = \lambda u \oplus \lambda v$；

（ⅱ）$\lambda(\mu u) = (\lambda\mu)u$；

（ⅲ）$(\lambda + \mu)u = \lambda u \oplus \mu u$，$\forall \lambda,\mu \geqslant 0$.

引理 6.1.2 表明，$\mathscr{F}_{KC}(Y)$ 仅是一个锥，而不是向量空间. 且对于任意的 $u, v \in \mathscr{F}_{KC}(Y)$，$\mathscr{F}_{KC}(Y)$ 中的上确界度量定义为

$$d_\infty(u,v) = \sup_{\alpha \in (0,1]} d_H([u]^\alpha, [v]^\alpha).$$

进而,度量 d_∞ 可以看作 $\mathcal{K}(Y)$ 中 Hausdorff 度量 d_H 的推广.

注 6.1.1 利用 Y 上模糊集的特征函数 $\mathcal{X}_A:Y\rightarrow\{0,1\}$,可以识别出 Y 的每个普通明晰子集 A,也就是说有

$$\mathcal{X}_A(y)=\begin{cases}1,若 y\in A,\\0,其他.\end{cases}$$

因此,若 $A\in\mathcal{K}(Y)$(或 $\mathcal{K}_C(Y)$),则 $\mathcal{X}_A\in\mathcal{F}_K(Y)$(或 $\mathcal{F}_{KC}(Y)$),反之亦然.

根据注 6.1.1,对于任意的 $A,B\in\mathcal{K}(Y)$(或 $\mathcal{F}_{KC}(Y)$),我们有

$$d_\infty(\mathcal{X}_A,\mathcal{X}_B)=\sup_{\alpha\in(0,1]}d_H([\mathcal{X}_A]^\alpha,[\mathcal{X}_B]^\alpha)=d_H(A,B).$$

特别地,若 A 和 B 退化为单元集 $\{a\}$ 和 $\{b\}$,则有 $d_\infty(\mathcal{X}_{\{a\}},\mathcal{X}_{\{b\}})=d(a,b)$,其中 d 表示 a 与 b 之间通常意义下的度量.

根据 Hausdorff 度量的性质,如下命题的结论成立.

命题 6.1.1 若 $u,u',v,v',w\in\mathcal{F}_{KC}(Y)$ 和 $\lambda\geq0$,则有下面的结论成立:

$(1)d_\infty(u\oplus u',v\oplus v')\leqslant d_\infty(u,v)+d_\infty(u',v')$;

$(2)d_\infty(\lambda u,\lambda v)=\lambda d_\infty(u,v)$;

$(3)d_\infty(u,v)=d_\infty(u\oplus w,v\oplus w)$.

如果我们将注意力集中在集合 $\mathcal{F}_{KC}(Y)$ 上,利用文献 [41,Proposition 7.2.3] 中的方法,容易证明 $(\mathcal{F}_{KC}(Y),d_\infty)$ 是一完备的度量空间.

6.2 Jensen 型三次模糊集值泛函方程的稳定性

在本节中,我们利用 Jensen 型三次泛函方程,首先建立了 Jensen 型三次模糊集值泛函方程的定义,进而利用不动点的择一性方法证明 Jensen 型三次模糊集值泛函方程的 Hyers-Ulam 稳定性.

定义 6.2.1 假设 X 是一个顶点为 0 的锥,模糊集值映射 $f:X\rightarrow\mathcal{F}_{KC}(Y)$. 对于任意的 $x,y\in X$,Jensen 型三次模糊集值泛函方程定义为

$$f\left(\frac{3x+y}{2}\right) \oplus f\left(\frac{x+3y}{2}\right) = 12f\left(\frac{x+y}{2}\right) \oplus 2f(x) \oplus 2f(y).$$

同时,Jensen 型三次模糊集值泛函方程的每一个解是一个 Jensen 型三次模糊集值映射.

定理 6.2.1　假设 $s \in \{1, -1\}$,对所有的 $x, y \in X$,存在常数 $0 < L < 1$ 使得函数 $\varphi: X^2 \rightarrow [0, \infty)$ 满足

$$\varphi(x, y) \leqslant 8^s L \varphi\left(\frac{x}{2^s}, \frac{x}{2^s}\right). \tag{6.2.1}$$

若映射 $f: X \rightarrow (\mathscr{F}_{KC}(Y), d_\infty)$ 对所有的 $x, y \in X$ 满足

$$d_\infty\left(f\left(\frac{3x+y}{2}\right) \oplus f\left(\frac{x+3y}{2}\right), 12f\left(\frac{x+y}{2}\right) \oplus 2f(x) \oplus 2f(y)\right) \leqslant \varphi(x, y), \tag{6.2.2}$$

则存在唯一的 Jensen 三次模糊集值映射 $C: X \rightarrow (\mathscr{F}_{KC}(Y), d_\infty)$ 对所有的 $x \in X$ 满足

$$d_\infty(f(x), C(x)) \leqslant \begin{cases} \dfrac{L}{16(1-L)} \varphi(x, x), & \text{若 } s = -1, \\[3mm] \dfrac{1}{16(1-L)} \varphi(x, x), & \text{若 } s = 1. \end{cases} \tag{6.2.3}$$

证明　考虑集合 $S_1 := \{g_1 \mid g_1: X \rightarrow \mathscr{F}_{KC}(Y), g_1(0) = I_0\}$,且在 S_1 上引入广义度量 D_1,如下:

$$D_1(g_1, h_1) := \inf\{\lambda \in \mathbb{R}_+ \mid d_\infty(g_1(x), h_1(x)) \leqslant \lambda \varphi(x, x), \forall x \in X\}.$$

易证 (S_1, D_1) 是完备的广义度量空间(cf. [28, 65, 146]). 定义映射 $\mathscr{J}_1: S_1 \rightarrow S_1$ 为

$$\mathscr{J}_1 g_1(x) := \frac{1}{8^s} g_1(2^s x), \forall g_1 \in S_1, x \in X, s \in \{1, -1\}. \tag{6.2.4}$$

对任意的 $g_1, h_1 \in S_1, \lambda \in \mathbb{R}_+$,且满足 $D_1(g_1, h_1) \leqslant \lambda$. 根据 D_1 的定义,我们可推得不等式

$$d_\infty(g_1(x), h_1(x)) \leqslant \lambda \varphi(x, x), \forall x \in X$$

成立. 因此,对任意的 $x \in X$,由式(6.2.1)有

$$d_\infty(\mathcal{J}_1 g_1(x), \mathcal{J}_1 h_1(x)) = d_\infty\left(\frac{1}{8^s} g_1(2^s x), \frac{1}{8^s} h_1(2^s x)\right)$$

$$\leqslant \frac{\lambda}{8^s} \varphi(2^s x, 2^s x) \leqslant \lambda L \varphi(x, x), \tag{6.2.5}$$

其中 $L < 1$. 因此, $D_1(\mathcal{J}_1 g_1, \mathcal{J}_1 h_1) \leqslant \lambda L$ 成立, 也即对所有的 $g_1, h_1 \in S_1$, $D_1(\mathcal{J}_1 g_1, \mathcal{J}_1 h_1) \leqslant L D_1(g_1, h_1)$ 成立.

下面, 在式(6.2.2)中取 $y = x$, 且由 f 是凸的(见引理 6.1.2), 则对任意的 $x \in X$, 我们有

$$d_\infty(f(2x), 8f(x)) \leqslant \frac{1}{2} \varphi(x, x). \tag{6.2.6}$$

进而, 由式(6.2.1)和式(6.2.6)有

$$D_1(f, \mathcal{J}_1 f) \leqslant \begin{cases} \dfrac{L}{16}, & \text{若 } s = -1, \\[3mm] \dfrac{1}{16}, & \text{若 } s = 1. \end{cases}$$

根据定理 2.1.1 可知, 序列 $\mathcal{J}_1^n f$ 收敛于 $\mathcal{J}_1$ 的不动点 C, 也即对任意的 $x \in X$ 满足

$$C: X \to (\mathscr{F}_{KC}(Y), d_\infty), \lim_{n \to \infty} \frac{1}{8^{sn}} f(2^{sn} x) = C(x)$$

和

$$C(2^s x) = 8^s C(x). \tag{6.2.7}$$

同时, 定理 2.1.1 保证了 C 是集合 $S_1^* = \{g_1 \in S_1 : D_1(f, g_1) < \infty\}$ 中 $\mathcal{J}_1$ 的唯一的不动点. 因此, 对任意的 $x \in X$, 存在 $\lambda \in \mathbb{R}_+$, 使得

$$d_\infty(f(x), C(x)) \leqslant \lambda \varphi(x, x)$$

成立. 且有不等式

$$D_1(f, C) \leqslant \frac{1}{1-L} D_1(f, \mathcal{J}_1 f) \leqslant \begin{cases} \dfrac{L}{16(1-L)}, & \text{若 } s = -1, \\[3mm] \dfrac{1}{16(1-L)}, & \text{若 } s = 1. \end{cases}$$

这证得不等式(6.2.3)成立. 由式(6.2.1)和式(6.2.2)有

$$d_\infty\left(C\left(\frac{3x+y}{2}\right)\oplus C\left(\frac{x+3y}{2}\right),12C\left(\frac{x+y}{2}\right)\oplus 2C(x)\oplus 2C(y)\right)$$

$$\leqslant\lim_{n\to\infty}\frac{8^{sn}L^n}{8^{sn}}\varphi(x,y)=0.$$

因此, $C:X\to(\mathscr{F}_{KC}(Y),d_\infty)$ 是 Jensen 型三次模糊集值映射. 这就完成了该定理的证明.

推论 6.2.1　假设 p,θ 均为正实数, 且 $p\neq 3$, X 是包含在实赋范空间中顶点为 0 的锥. 若映射 $f:X\to(\mathscr{F}_{KC}(Y),d_\infty)$ 对所有的 $x,y\in X$ 满足

$$d_\infty\left(f\left(\frac{3x+y}{2}\right)\oplus f\left(\frac{x+3y}{2}\right),12f\left(\frac{x+y}{2}\right)\oplus 2f(x)\oplus 2f(y)\right) \tag{6.2.8}$$

$$\leqslant\theta(\|x\|^p+\|y\|^p),$$

则存在唯一的 Jensen 三次模糊集值映射 $C:X\to(\mathscr{F}_{KC}(Y),d_\infty)$ 对所有的 $x\in X$ 满足

$$d_\infty(f(x),C(x))\leqslant\begin{cases}\dfrac{\theta\|x\|^p}{2^p-8},\text{若 }p>3,\\[3mm]\dfrac{\theta\|x\|^p}{8-2^p},\text{若 }0<p<3.\end{cases} \tag{6.2.9}$$

证明　在定理 6.2.1 中, 对所有的 $x,y\in X$, 取 $\varphi(x,y)=\theta(\|x\|^p+\|y\|^p)$ 和

$$L=\begin{cases}2^{3-p},\text{若 }p>3,\\2^{p-3},\text{若 }0<p<3,\end{cases}$$

这样我们就可证明式(6.2.9)成立.

推论 6.2.2　假设 p,θ 均为正实数, 且 $p\neq\dfrac{3}{2}$, X 是包含在实赋范空间中顶点为 0 的锥. 若映射 $f:X\to(\mathscr{F}_{KC}(Y),d_\infty)$ 对所有的 $x,y\in X$ 满足

$$d_\infty\left(f\left(\frac{3x+y}{2}\right)\oplus f\left(\frac{x+3y}{2}\right),12f\left(\frac{x+y}{2}\right)\oplus 2f(x)\oplus 2f(y)\right) \tag{6.2.10}$$

$$\leqslant\theta\|x\|^p\|y\|^p,$$

则存在唯一的 Jensen 三次模糊集值映射 $C:X\to(\mathscr{F}_{KC}(Y),d_\infty)$ 对所有的 $x\in X$

满足

$$d_\infty(f(x),C(x)) \leqslant \begin{cases} \dfrac{\theta\|x\|^{2p}}{2(2^{2p}-8)}, & 若 p>\dfrac{3}{2}, \\[3mm] \dfrac{\theta\|x\|^{2p}}{2(8-2^{2p})}, & 若 0<p<\dfrac{3}{2}. \end{cases} \quad (6.2.11)$$

证明 在定理 6.2.1 中,对所有的 $x,y \in X$,令 $\varphi(x,y)=\theta\|x\|^p\|y\|^p$ 和

$$L=\begin{cases} 2^{3-2p}, & 若 p>\dfrac{3}{2}, \\[3mm] 2^{2p-3}, & 若 0<p<\dfrac{3}{2}, \end{cases}$$

就可证得要证的结果成立.

推论 6.2.3 假设 p,q,θ 均为正实数,且 $p+q\neq 3$,X 是包含在实赋范空间中顶点为 0 的锥. 若映射 $f:X\to(\mathscr{F}_{KC}(Y),d_\infty)$ 对所有的 $x,y\in X$ 满足

$$d_\infty\left(f\left(\frac{3x+y}{2}\right)\oplus f\left(\frac{x+3y}{2}\right),12f\left(\frac{x+y}{2}\right)\oplus 2f(x)\oplus 2f(y)\right) \quad (6.2.12)$$
$$\leqslant\theta(\|x\|^p\|y\|^q+\|x\|^{p+q}+\|y\|^{p+q}),$$

则存在唯一的 Jensen 三次模糊集值映射 $C:X\to(\mathscr{F}_{KC}(Y),d_\infty)$ 对所有的 $x\in X$ 满足

$$d_\infty(f(x),C(x)) \leqslant \begin{cases} \dfrac{3\theta\|x\|^{p+q}}{2(2^{p+q}-8)}, & 若 p+q>3, \\[3mm] \dfrac{3\theta\|x\|^{p+q}}{2(8-2^{p+q})}, & 若 0<p+q<3. \end{cases} \quad (6.2.13)$$

证明 在定理 6.2.1 中,对所有的 $x,y\in X$,取 $\varphi(x,y)=\theta(\|x\|^p\|y\|^q+\|x\|^{p+q}+\|y\|^{p+q})$ 和

$$L=\begin{cases} 2^{[3-(p+q)]}, & 若 p+q>3, \\[3mm] 2^{[(p+q)-3]}, & 若 0<p+q<3, \end{cases}$$

就可以证明式(6.2.13)成立.

注 6.2.1 在定理 6.2.1 和推论 6.2.1 中,若模糊集值映射 f 退化为集值映

射,则上确界度量 d_∞ 可被简化为 Hausdorff 度量 d_H. 很显然,上述所获得的定理和推论是对文献 [116] 中定理 5.2 和定理 5.4,以及推论 5.3 和推论 5.5 的推广.

6.3 n 维三次模糊集值泛函方程的稳定性

本节中,我们仍利用不动点的择一性方法研究 n 维三次模糊集值泛函方程的 Hyers-Ulam 稳定性. 在讨论本节主要定理之前,类似本章第 6.2 节的方式,首先给出 n 维三次模糊集值泛函方程的定义.

定义 6.3.1 假设 X 是一个顶点为 0 的锥,模糊集值映射 $f:X \to \mathscr{F}_{KC}(Y)$. 对于任意的 $x_1, \cdots, x_n \in X$, n 维三次模糊集值泛函方程定义为

$$f\left(2\sum_{j=1}^{n-1} x_j + x_n\right) \oplus f\left(2\sum_{j=1}^{n-1} x_j - x_n\right) \oplus 4\sum_{j=1}^{n-1} f(x_j)$$

$$= 16f\left(\sum_{j=1}^{n-1} x_j\right) \oplus 2\sum_{j=1}^{n-1} \left(f(x_j + x_n) \oplus f(x_j - x_n)\right)$$

其中 $n \geq 2$ 是一整数. 同时, n 维三次模糊集值泛函方程的每一个解是一个 n 维三次模糊集值映射.

定理 6.3.1 假设 $m \in \mathbb{N}$, 且 $1 \leq m \leq n-1$, $s \in \{1, -1\}$, 对所有的 $x \in X$, 存在常数 $0 < L < 1$, 使得函数 $\phi: X^n \to [0, \infty)$ 满足

$$\phi(\underbrace{x, \cdots, x}_{m \text{ times}}, 0, \cdots, 0) \leq 8^s L\phi\left(\underbrace{\frac{x}{2^s}, \cdots, \frac{x}{2^s}}_{m \text{ times}}, 0, \cdots, 0\right). \tag{6.3.1}$$

若映射 $f:X \to (\mathscr{F}_{KC}(Y), d_\infty)$ 对所有的 $x_1, \cdots, x_n \in X$ 满足 $f(0) = I_0$ 和不等式

$$d_\infty\left(f\left(2\sum_{j=1}^{n-1} x_j + x_n\right) \oplus f\left(2\sum_{j=1}^{n-1} x_j - x_n\right) \oplus 4\sum_{j=1}^{n-1} f(x_j),\right.$$

$$\left.16f\left(\sum_{j=1}^{n-1} x_j\right) \oplus 2\sum_{j=1}^{n-1}\left(f(x_j + x_n) \oplus f(x_j - x_n)\right)\right) \leq \phi(x_1, \cdots, x_n), \tag{6.3.2}$$

则存在唯一的 n 维三次模糊集值映射 $C:X\to(\mathscr{F}_{KC}(Y),d_\infty)$ 对所有的 $x\in X$ 满足

$$d_\infty(f(x),C(x))\leq\begin{cases}\dfrac{L}{16(1-L)}\phi\Big(\underbrace{\dfrac{x}{m},\cdots,\dfrac{x}{m}}_{m\text{ times}},0,\cdots,0\Big),若\,s=-1,\\[4mm]\dfrac{1}{16(1-L)}\phi\Big(\underbrace{\dfrac{x}{m},\cdots,\dfrac{x}{m}}_{m\text{ times}},0,\cdots,0\Big),若\,s=1.\end{cases}\qquad(6.3.3)$$

证明　考虑集合 $S_2:=\{g_2\mid g_2:X\to\mathscr{F}_{KC}(Y),g_2(0)=I_0\}$,且在 S_2 上引入广义度量 D_2 如下:

$$D_2(g_2,h_2):=\inf\Big\{\mu\in\mathbb{R}_+\mid d_\infty(g_2(x),h_2(x))\leq\mu\phi\Big(\underbrace{\frac{x}{m},\cdots,\frac{x}{m}}_{m\text{ times}},0\cdots,0\Big),\forall x\in X\Big\}.$$

容易验证 (S_2,D_2) 是完备的广义度量空间(cf. [28,65,146]).定义映射 $\mathcal{J}_2:S_2\to S_2$ 为

$$\mathcal{J}_2g_2(x):=\frac{1}{8^s}g_2(2^sx),\forall g_2\in S_2,x\in X,s\in\{1,-1\}.\qquad(6.3.4)$$

对任意的 $g_2,h_2\in S_2,\mu\in\mathbb{R}_+$,且满足 $D_2(g_2,h_2)\leq\mu$. 根据 D_2 的定义,我们可推得

$$d_\infty(g_2(x),h_2(x))\leq\mu\phi\Big(\underbrace{\frac{x}{m},\cdots,\frac{x}{m}}_{m\text{ times}},0\cdots,0\Big),\forall x\in X$$

成立. 因此,对任意的 $x\in X$,由式(6.3.1)有

$$d_\infty(\mathcal{J}_2g_2(x),\mathcal{J}_2h_2(x))=d_\infty\Big(\frac{1}{8^s}g_2(2^sx),\frac{1}{8^s}h_2(2^sx)\Big)$$

$$\leq\frac{\mu}{8^s}\phi\Big(\underbrace{\frac{2^sx}{m},\cdots,\frac{2^sx}{m}}_{m\text{ times}},0,\cdots,0\Big)$$

$$\leq\mu L\phi\Big(\underbrace{\frac{x}{m},\cdots,\frac{x}{m}}_{m\text{ times}},0,\cdots,0\Big),\qquad(6.3.5)$$

其中 $L<1$. 因此,$D_2(\mathcal{J}_2g_2,\mathcal{J}_2h_2)\leq\mu L$ 成立,也即对所有的 $g_2,h_2\in S_2$,$D_2(\mathcal{J}_2g_2,\mathcal{J}_2h_2)\leq LD_2(g_2,h_2)$ 成立.

下面, 在式 $(6.3.2)$ 中取 $x_j = x(j=1, \cdots, m)$ 和 $x_{m+1} = \cdots = x_n = 0$, 令 $x = \dfrac{x}{m}$, 且由 f 是凸的 (见引理 6.1.2), 则对任意的 $x \in X$, 我们有

$$d_\infty(f(2x), 8f(x)) \leqslant \frac{1}{2}\phi\Big(\underbrace{\frac{x}{m}, \cdots, \frac{x}{m}}_{m \text{ times}}, 0 \cdots, 0\Big). \tag{6.3.6}$$

进而, 由式 $(6.3.1)$ 和式 $(6.3.6)$ 有

$$D_2(f, \mathcal{J}_2 f) \leqslant \begin{cases} \dfrac{L}{16}, & \text{若 } s = -1, \\[3mm] \dfrac{1}{16}, & \text{若 } s = 1. \end{cases}$$

根据定理 2.1.1 可知, 序列 $\mathcal{J}_2^n f$ 收敛于 $\mathcal{J}_2$ 的不动点 C, 也即对任意的 $x \in X$ 满足

$$C: X \to (\mathscr{F}_{KC}(Y), d_\infty), \lim_{n \to \infty} \frac{1}{8^{sn}} f(2^{sn}x) = C(x)$$

和

$$C(2^s x) = 8^s C(x). \tag{6.3.7}$$

同时, 定理 2.1.1 保证了 C 是集合 $S_2^* = \{g_2 \in S_2 : D_2(f, g_2) < \infty\}$ 中 $\mathcal{J}_2$ 的唯一的不动点. 因此, 对任意的 $x \in X$, 存在 $\mu \in \mathbb{R}_+$ 使得

$$d_\infty(f(x), C(x)) \leqslant \mu\phi\Big(\underbrace{\frac{x}{m}, \cdots, \frac{x}{m}}_{m \text{ times}}, 0, \cdots, 0\Big)$$

成立, 且有不等式

$$D_2(f, C) \leqslant \frac{1}{1-L} D_2(f, \mathcal{J}_2 f) \leqslant \begin{cases} \dfrac{L}{16(1-L)}, & \text{若 } s = -1, \\[3mm] \dfrac{1}{16(1-L)}, & \text{若 } s = 1. \end{cases}$$

这证得了不等式 $(6.3.3)$ 成立. 由式 $(6.3.1)$ 和式 $(6.3.2)$ 有

$$d_\infty \left(C\left(2\sum_{j=1}^{n-1} x_j + x_n\right) \oplus C\left(2\sum_{j=1}^{n-1} x_j - x_n\right) \oplus 4\sum_{j=1}^{n-1} C(x_j), \right.$$

$$\left. 16C\left(\sum_{j=1}^{n-1} x_j\right) \oplus 2\sum_{j=1}^{n-1} \left(C(x_j + x_n) \oplus C(x_j - x_n)\right) \right)$$

$$\leq \lim_{n\to\infty} \frac{8^{sn} L^n}{8^{sn}} \phi(x_1, \cdots, x_n) = 0.$$

因此, $C: X \to (\mathscr{F}_{KC}(Y), d_\infty)$ 是 n 维三次模糊集值映射. 这就完成了该定理的证明.

推论 6.3.1   假设 p, θ 均为正实数, 且 $p \neq 3$, X 是包含在实赋范空间中顶点为 0 的锥. 若映射 $f: X \to (\mathscr{F}_{KC}(Y), d_\infty)$ 对所有的 $x_1, \cdots, x_n \in X$ 满足 $f(0) = I_0$ 和不等式

$$d_\infty \left(f\left(2\sum_{j=1}^{n-1} x_j + x_n\right) \oplus f\left(2\sum_{j=1}^{n-1} x_j - x_n\right) \oplus 4\sum_{j=1}^{n-1} f(x_j), \right.$$

$$\left. 16f\left(\sum_{j=1}^{n-1} x_j\right) \oplus 2\sum_{j=1}^{n-1} \left(f(x_j + x_n) \oplus f(x_j - x_n)\right) \right) \leq \theta \sum_{j=1}^{n} \|x_j\|^p, \quad (6.3.8)$$

则存在唯一的 n 维三次模糊集值映射 $C: X \to (\mathscr{F}_{KC}(Y), d_\infty)$ 对所有的 $x \in X$ 满足

$$d_\infty(f(x), C(x)) \leq \begin{cases} \dfrac{\theta \|x\|^p}{2m^{p-1}(2^p - 8)}, & \text{若 } p > 3, \\[3mm] \dfrac{\theta \|x\|^p}{2m^{p-1}(8 - 2^p)}, & \text{若 } 0 < p < 3. \end{cases} \quad (6.3.9)$$

证明   对所有的 $x_1, \cdots, x_n \in X$, 在定理 6.3.1 中, 我们考虑 $\phi(x_1, \cdots, x_n) = \theta \sum_{j=1}^{n} \|x_j\|^p$ 和

$$L = \begin{cases} 2^{3-p}, & \text{若 } p > 3, \\ 2^{p-3}, & \text{若 } 0 < p < 3, \end{cases}$$

这样我们就证明了推论 6.3.1 的结论成立.

注 6.3.1   定理 6.3.1 可以看作单值 n 维三次泛函方程的稳定性结果的直接推广(可见文献[112]).

注 6.3.2　本章主要应用不动点的择一性方法研究了两类三次模糊集值泛函方程的稳定性,包括 Jensen 型三次模糊集值泛函方程的 Hyers-Ulam 稳定性和 n 维三次模糊集值泛函方程的 Hyers-Ulam 稳定性, 所取得的结果可分别作为单值泛函方程和集值泛函方程的稳定性推广. 关于这一研究主题更深入系统的相关内容, 可参考文献[35,76,116,186,242]以及这些文献中的参考文献.

参考文献

［1］ AGARWAL R P, XU B, ZHANG W N. Stability of functional equations in single variable［J］, J. Math. Anal. Appl., 2003, 288(2): 852-869.

［2］ AKKOUCHI M. Hyers-Ulam-Rassias stability of nonlinear Volterra integral equations via a fixed point apporach［J］. Acta Universitatis Apulensis, 2011, 26:257-266.

［3］ ALSINA C, GER R. On some inequalities and stability results related to the exponential function［J］. J. Ineq. Appl., 1998, 2: 373-380.

［4］ ALSINA C. On the stability of afunctional equation arising in probabilistic normed spaces［J］. General Ineq., 1987,5: 263-271.

［5］ AOKI T. On the stability of the linear transformation in Banach spaces［J］. J. Math. Soc. Japan, 1950, 2: 64-66.

［6］ ARROW K J, DEBREU G. Existence of equilibrium for a competitive economy ［J］. Econometrica, 1954, 22(3): 265-290.

［7］ AUMANN R J. Integrals of set-valued functions［J］. J. Math. Anal. Appl., 1965, 12(1): 1-12.

［8］ BADORA R. On the stability of cosine functional equation［J］. Rocznik Nauk-Dydakt Prace Math., 1998, 15: 1-14.

［9］ BADORA R, GER R. On some trigonometric functional equation, in Functional Equations-Results and Adavances［J］. Kluwer Academic, Dordrecht, The Netherlands, 2002, 3-15.

[10] BAE J H, PARK W G. A functional equation originating from quadratic forms [J]. J. Math. Anal. Appl., 2007, 326(2): 1142-1148.

[11] BAG T, SAMANTA S K. Finite dimensional fuzzy normed linear spaces[J]. J Fuzzy Math., 2003, 11: 687-705.

[12] BAKER J A, LAWRENCE J, ZORZITTO F. The stability of the equation $f(x+y) = f(x)f(y)$ [J]. Proc. Amer. Math., Soc., 1979, 74(2): 242-246.

[13] BAKER J A. The stability of the cosine equation[J]. Proc. Amer. Math. Soc., 1980, 80(3): 411-416.

[14] BAKER J A. The stability of the certain functional equations[J]. Proc. Amer. Math. Soc., 1991, 112(3): 729-732.

[15] BORELLI C. On Hyers-Ulam stability of Hossú's functional equation[J]. Results Math., 1994, 26(3/4): 221-224.

[16] BORELLI C, FORTI G L. On a general Hyers-Ulamstability result[J]. Int. J. Math. Math. Sci., 1995, 18(2): 229-236.

[17] BOUIKHALENE B, ELQORACHI E, RASSIAS J M. The superstability of d'Alembert's functional equation on the Heisenberg group[J]. Appl. Math. Lett., 2010, 23(1): 105-109.

[18] BRZDĘK J, CIEPLINSKI K. A fixed point theorem and the Hyers-Ulam stability in non-Archimedean spaces[J]. J. Math. Anal. Appl., 2013, 400 (1): 68-75.

[19] BRZDĘK J, POPA D, RASA I, et al. Ulam Stability of Operators, Mathematical Analysis and its Applications[M]. Oxford: Academic Press, 2018.

[20] BRZDĘK J, POPA D, XU B. Note on nonstability of the linear recurrence [J]. Abh. Math. Sem. Univ. Hamburg, 2006, 76(1): 183-189.

[21] BRZDĘK J, POPA D, XU B. The Hyers-Ulam stability of nonlinear recurrences [J]. J. Math. Anal. Appl., 2007, 335: 443-449.

[22] BRZDĘK J, POPA D, XU B. Hyers-Ulam stability for linear equations of higher orders[J]. Acta Math. Hungar., 2008, 120(1): 1-8.

[23] BRZDĘK J, POPA D, XU B. On nonstability of the linear recurrence of order one[J]. J. Math. Anal. Appl., 2010, 367(1): 146-153.

[24] BRZDĘK J, POPA D, XU B. On approximate solutions of the linear functional equation of higher order[J]. J. Math. Anal. Appl., 2011, 373(2): 680-689.

[25] BRYDAK D. On the stability of the functional equation $\varphi[f(x)] = g(x)\varphi(x) + F(x)$[J]. Proc. Amer. Math. Soc., 1970, 26(3): 455-460.

[26] BRZDĘK J, POPA D, XU B. Selections of set-valued maps satisfying a linear inclusion in a single variable[J]. Nonlinear Anal., 2011, 74: 324-330.

[27] CĂDARIU L, RADU V. Fixed points and the stability of Jensen's functional equation[J]. J. Ineq. Pure. Appl. Math., 2003, 4: 1-7.

[28] CĂDARIU L, RADU V. On the stability of the Cauchy functional equation: A fixed point approach[J]. Grazer Math. Ber., 2004, 346: 43-52.

[29] CASTAING C, VALADIER M. Convex analysis and measurable multifunctions [M]. Berlin: Springer-Verlag, 1997.

[30] CHANG I S, JUNG Y S. Stability of a functional equation deriving from cubic and quadratic functions[J]. J. Math. Anal. Appl., 2003, 283(2): 491-500.

[31] CHOI G, JUNG S M. Invariance of Hyers-Ulam stability of linear differential equations and its applications[J]. Advances in Difference Equations, 2015, 2015(1): Article ID 277, 14 pages.

[32] CHOLEWA P W. The stability of the sine equation[J]. Proc. Amer. Math. Soc., 1983, 88(4): 631-634.

[33] CHOLEWA P W. Remarks on the stability of functional equations[J]. Aequationes Math., 1984, 27(1): 76-86.

[34] CHU H Y, KANG D S. On the stability of an n-dimensional cubic functional

equation[J]. J. Math. Anal. Appl., 2007, 325(1): 595-607.

[35] CHU H Y, KIM A, YOO S K. On the stability of the generalized cubic set-valued functional equation[J]. Appl. Math. Lett., 2014, 37: 7-14.

[36] CIEPLIŃSHI K. Stability of multi-additive mappings in non-Archimedean normed spaces[J]. J. Math. Anal. Appl., 2011, 373(2): 376-383.

[37] CÎMPEAN D S, POPA D. On the stability of the linear differential equation of higher order with constant coefficients[J]. Appl. Math. Comput., 2010, 217(8): 4141-4146.

[38] CZERWIK S. On the stability of the quadratic mapping in normed spaces[J]. Abh. Math. Sem. Univ. Hamburg, 1992, 62(1): 59-64.

[39] DALES H G, MOSLEHIAN M S. Stability of mappings on multi-normed spaces[J]. Glasg. Math. J., 2007, 49(2): 321-332.

[40] DEBREU G. Integration of corrspondences[J]. Proceedings of Fifth Berkeley Symposium on Mathematical Statistics and Probability, 1996, 2: 351-372.

[41] DIAMOND P, KLOEDEN P. Metric spaces of fuzzy sets: Theory and applications[M]. Singapore: World Scientific Pub. Co.,1994.

[42] DIAZ J B, MARGOLIS B. A fixed point theorem of the alternative for contractions on a generalized complete metric space[J]. Bull. Amer. Math. Soc., 1968, 74(2): 305-309.

[43] EBANKS B R, KANNAPPAN P I, SAHOO P K. Cauchy differences that depend on the product of arguments[J]. Glasnik Mat., Serija III, 1992, 27(2): 251-261.

[44] EFFROS E, RUAN Z J. On matricially normed spaces[J]. Pac. J. Math., 1988, 132(2): 243-264.

[45] EL-FASSI I, BRZDĘK J. On the hyperstability of a pexiderized σ-quadratic functional equation on semigroups[J]. Bull. Australian Math. Soc., 2018, 97

(3): 459-470.

[46] FAĬZIEV V, RIEDEL T. Stability of Jensen functional equation on semigroups [J]. J. Math. Anal. Appl., 2010, 364(2): 341-351.

[47] FORTI G L. The stability of homomorphisms and amenability, with applications to functional equations[J]. Abh. Math. Sem. Univ. Hamburg, 1987, 57(1): 215-226.

[48] FORTI G L. Hyers-Ulam stability of functional equations in several variables [J]. Aequationes Math., 1995, 50(1): 143-190.

[49] FORTI G L. Comments on the core of the direct method for proving Hyers-Ulam stability of functional equations[J]. J. Math. Anal. Appl., 2004, 295: 127-133.

[50] GAJDA Z, GER R. Subadditive multifunctions and Hyers-Ulam stability[J]. General Inequalities, 1987, 5: 281-291.

[51] GAJDA Z. On stability of the Cauchy equation on semigroups[J]. Aequationes Math., 1988, 36(1): 76-79.

[52] GAJDA Z. On stability of additive mappings[J]. Int. J. Math. Math. Sci., 1991, 14(3): 431-434.

[53] GĂVRUTA P. A generalization of the Hyers-Ulam-Rassias stability of approximately additive mappings[J]. J Math. Anal. Appl., 1994, 184: 431-436.

[54] GĂVRUTA P. On the stability of some functional equations, Stabity of mappings of Hyers-Ulam type[M]. Palm Harbor, Fla, U. S. A: Th. M. Rassias and J. Tabor, Eds, Hadronic Press Collection of Original Articles, Hadronic Press, 1994.

[55] GĂVRUTA P, HOSSU M, POPESCU D, et al. On the stability of mappings and an answer to a problem of Th. M. Rassias[J]. Annales Math., 1995, 2 (2): 55-60.

[56] GER R. Superstability is not natural[J]. Rocznik Nauk. Dydakt. Prace Mat., 1993, 159(13): 109-123.

[57] GER R, ŠEMRL P. The stability of the exponential equation[J]. Proc. Amer. Math. Soc., 1996, 124: 779-787.

[58] GORDJI M E, ABBASZADEH S, PARK C. On the stability of a generalized quadratic and quartic type functional equation in quasi-Banach spaces[J]. J. Ineq. Appl., 2009, 2009:, Article ID 153084,26 pages.

[59] GORDJI M E, ALIZADEH Z. Stability and superstability of ring homomorphisms on non-Archimedean Banach algebras[J]. Abst. Appl. Anal., 2011, 2011: Article ID 123656,10 pages.

[60] GORDJI M E, EBADIAN A, ZOLFAGHARI S. Stability of a functional equation deriving from cubic and quartic functions[J]. Abst. Appl. Anal., 2008, 2008: Article ID 801904,17 pages.

[61] GORDJI M E, GHARETAPEH S K, PARK C, et al. Stability of an additive-cubic-quartic functional equation[J]. Advances in Difference Equations, 2009, 2009: Article ID 395693,20 pages.

[62] GORDJI M E, KHODAEI H. Solution and stability of generalized mixed type cubic, quadratic and additive functional equation in quasi-Banach spaces[J]. Nonlinear Anal., 2009, 71(11): 5629-5643.

[63] GORDJI M E, SAVADKOUHI M B. Stability of mixed type cubic and quartic functional equations in random normed spaces[J]. J. Ineq. Appl., 2009, 2009: Article ID 527462,9 pages.

[64] GORDJI M E, SAVADKOUHI M B. Stability of a mixed type cubic-quartic functional equation in non-Archimedean spaces[J]. Appl. Math. Lett., 2010, 23(10): 1198-1202.

[65] HADŽIĆ O, PAP E, RADU V. Generalized contraction mapping principles in

probabilistic metric spaces[J]. Acta. Math. Hungar., 2003, 101(1): 131-148.

[66] HOSSEINI S B, O'REGAN D, SAADATI R. Some results on intuitionistic fuzzy spaces[J]. Iranian J. Fuzzy Systems, 2007, 4: 53-64.

[67] HYERS D H. On the stability of the linear functional equation[J]. Proc. Nat. Acad. Sci. U. S. A., 1941, 27(4): 222-224.

[68] HYERS D H. The stability of homomorphisms and related topics in global analysis-analysis on manifolds[J]. Teubner-Texte Math., 1983, 57: 140-153.

[69] HYERS D H, RASSIAS TH M. Approximate homomorphisms[J]. Aequationes Math., 1992, 44(2): 125-153.

[70] HYERS D H, ISAC G, RASSIAS TH M. On the asymptoticity aspect of Hyers-Ulam stability of mappings[J]. Proc. Amer. Math. Soc., 1998, 126: 425-430.

[71] HYERS D H, ISAC G, RASSIAS TH M. Stability of functional equations in several variables[M]. Basel: Birkhäuser, 1998.

[72] INOUE H. A strong law of large numbers for fuzzy random sets[J]. Fuzzy Sets and Systems, 1991, 41(3): 285-291.

[73] ISAC G, RASSIAS TH M. On the Hyers-Ulam stability of ψ-additive mappings [J]. J. Approx. Theory, 1993, 72(2): 131-137.

[74] ISAC G, RASSIAS TH M. Stability of ψ-additive mappings: applications to nonlinear analysis[J]. Int. J. Math. Math. Sci., 1996, 19(2):219-228.

[75] JANG S Y, LEE J R, PARK C. Fuzzy stability of Jensen-type quadratic functional equations[J]. Abst. Appl. Anal., 2009, 2009: Article ID 535678, 17 pages.

[76] JANG S Y, PARK C, CHO Y. Hyers-Ulam stability of a generalized additive set-valued functional equation[J]. J. Ineq. Appl., 2013, 2013(1): Article ID 101, 6 Pages.

［77］JANG S Y, SAADATI R. Approximation of the Jensen type functional equation in non-Archimedean C^{*}-algebras［J］. J. Comput. Anal. Appl., 2015, 18(3): 472-491.

［78］JUN K W, KIM G H, LEE Y W. Stability of generalized gamma and beta functional equations［J］. Aequationes Math., 2000, 60(1-2): 15-24.

［79］JUN K W, KIM H M. Remarks on the stability of additive functional equation ［J］. Bull Korean Math. Soc., 2001, 38(4): 679-687.

［80］JUN K M, KIM H M. The generalized Hyers-Ulam-Rassias stability of a cubic functional equation［J］. J. Math. Anal. Appl., 2002, 274: 867-878.

［81］JUN K M, KIM H M, CHANG I S. On the Hyers-Ulam stability of an Euler-Lagrange type cubic functional equation［J］. J. Comput. Anal. Appl., 2005, 7(1): 21-23.

［82］JUN K M, KIM H M. Stability problem for Jensen-type functional equations of cubic mappings［J］. Acta Math. Sin. (Engl. Ser.), 2006, 22(6): 1781-1788.

［83］JUNG S M. Hyers-Ulam-Rassias stability of functional equations［J］. Dynam. Systems Appl., 1997, 6: 541-566.

［84］JUNG S M. On the modified Hyers-Ulam-Rassias stability of functional equation for gamma function［J］. Mathematicae, 1997, 39: 233-237.

［85］JUNG S M. On a general Hyers-Ulam stability of gamma functional equation ［J］. Bull. Korean Math. Soc., 1997, 34(3): 437-446.

［86］JUNG S M. On the superstability of the functional equation $f(x^{y}) = yf(x)$［J］. Abh. Math. Sem. Univ. Hamburg, 1997, 67(1): 315-322.

［87］JUNG S M. On the stability of gamma functional equation［J］. Results Math., 1998, 33(3): 306-309.

［88］JUNG S M. On the Hyers-Ulam-Rassias stability of approximately additive mappings［J］. J. Math. Anal. Appl., 1996, 204: 221-226.

[89] JUNG S M. On the Hyers-Ulam stability of the functional equation that have the quadratic property[J]. J. Math. Anal. Appl., 1998, 222(1): 126-137.

[90] JUNG S M. Hyers-Ulam-Rassias stability of Jensen's equation and its application [J]. Proc. Amer. Math. Soc., 1998, 126(11): 3137-3143.

[91] JUNG S M. On the Hyers-Ulam-Rassias stability of a quadratic functional equation [J]. J. Math. Anal. Appl., 1999, 232(2): 384-393.

[92] JUNG S M. Quadratic functional equations of Pexider type[J]. Int. J. Math. Math. Sci., 2000, 24: 351-359.

[93] JUNG S M. Stability of the quadratic equation of Pexider type[J]. Abh. Math. Sem. Univ. Hamburg, 2000, 70(1): 175-190.

[94] JUNG S M. Hyers-Ulam-Rassias Stability of Functional Equations in Mathematical Analysis[M]. Palm Harbor, Florida: Hadronic Press, 2001.

[95] JUNG S M. Local stability of the additive functional equation and its applications [J]. Int. J. Math. Math. Sci., 2003, 1: 15-26.

[96] JUNG S M. Hyers-Ulam stability of linear differential equations of first order [J]. Appl. Math. Lett., 2004, 17: 1135-1140.

[97] JUNG S M. Hyers-Ulam stability of linear differential equations of first order II [J]. Appl. Math. Lett., 2006, 19(9): 854-858.

[98] JUNG S M. Hyers-Ulam stability of linear differential equations of first order III[J]. J. Math. Anal. Appl., 2005, 311: 139-146.

[99] JUNG S M. Hyers-Ulam stability of a system of a first order linear differential equations with constant coefficients[J]. J. Math. Anal. Appl., 2006, 320: 549-561.

[100] JUNG S M. On an asymptoci behavior of exponential functional equation[J]. Acta Math. Sin. (Engl. Ser.), 2006, 22(2): 583-586.

[101] JUNG S M, KIM T S. A fixed point approach to the stability of the cubic

functional equation[J]. Bol. Soc. Math. Mexicana, 2006, 12: 51-57.

[102] JUNG S M. KIM T S, LEE K S. A fixed point approach to the stability of quadratic functional equation[J]. Bull. Korean Math. Soc., 2006, 43(3): 531-541.

[103] JUNG S M, CHANG I S. The stability of a cubic type functional equation with the fixed point alternative[J]. J. Math. Anal. Appl., 2005, 306(2): 752-760.

[104] JUNG S M, KIM B, RASSIAS TH M. On the Hyers-Ulam stability of a system of Euler differential equations of first order[J]. Tamsui Oxford J. Math. Sci., 2008, 24: 381-388.

[105] JUNG S M, RASSIAS TH M. Ulam's problem for approximate homomorphisms in connection with Bernoulli's differential equation[J]. Appl. Math. Comput., 2007, 187(1): 223-227.

[106] JUNG S M, RASSIAS TH M. Generalized Hyers-Ulam stability of Riccati differential equation[J]. Math. Ineq. Appl., 2008, 11(4): 777-782.

[107] JUNG S M. Hyers-Ulam stability of linear partial differential equations of first order[J]. Appl. Math. Lett., 2009, 22(1): 70-74.

[108] JUNG S M. A fixed point approach to the stability of differential equation $y' = F(x,y)$ [J]. Bull. Malaysian Math. Sci. Soc., 2010, 33: 47-56.

[109] JUNG S M. Hyers-Ulam-Rassias Stability of Functional Equations in Nonlinear Analysis[M]. New York: Springer Science, 2011.

[110] JUNG S M, REZAEI H. A fixed point approach to the stability of linear differential equations[J]. Bull. Malaysian Math. Sci. Soc., 2015, 38(2): 855-865.

[111] KANG D S. On the stability of generalizedquartic mappings in quasi-β-normed spaces[J]. J. Ineq. Appl., 2010, 2010: Article ID 198098,11 pages.

[112] KANG D S, CHU H Y. Stability problem of Hyers-Ulam-Rassias for generalized forms of cubic functional equation[J]. Acta. Math. Sin. (Engl. Ser.), 2008, 24: 491-502.

[113] KANG J I, SAADATI R. Approximation of homomorphisms and derivations on non-Archimedean random Lie C^*-algebras via fixed point method[J]. J. Ineq. Appl., 2012, 2012: Article ID 251, 10 pages.

[114] KANNAPAN PL, KIM G H. On the stability of the generalized cosine functional equations[J]. Ann. Acad. Paedagogicae Cracoviensis-Studia Math., 2001, 1: 49-58.

[115] KENARY H A. Nonlinear fuzzy approximation of a mixed type ACQ functional equation via fixed point alternative[J]. Math. Sci., 2012, 6: Article ID 54,10 pages.

[116] KENARY H A, REZAEI H, GHEISARI Y, et al. On the stability of set-valued functional equations with the fixed point alternative, Fixed Point Theory and Applications, 2012, 2012: Article ID 81,17 pages.

[117] KIM G H. On the stability of generalized gamma functional equation[J]. Int. J. Math. Math. Sci., 2000, 23(8): 513-520.

[118] KIM G H. A generalization of the Hyers-Ulam-Rassias stability of the beta functional equation[J]. Publ. Math. Debrecen, 2001, 59(1-2): 111-119.

[119] KIM G H, XU B, ZHANG W N. Notes on stability of the generalized gamma functional equation[J]. Int. J. Math. Math. Sci., 2002, 32(1): 57-63.

[120] KIM G H. On the Hyers-Ulam-Rassias stability of functional equations in n-variables[J]. J. Math. Anal. Appl., 2004, 299: 375-391.

[121] KIM G H, DRAGOMIR S S. On the stability of generalized d'Alembert and Jensen functional equations[J]. Int. J. Math. Math. Sci., 2006. 2006: Article ID 43185,12 pages.

[122] KIM G H. On the stability of trigonometric functional equations[J]. Advances in Difference Equations, 2007, 2007: Article ID 503724, 11 pages.

[123] KIM G H. The stability of d'Alembert and Jensen type functional equations [J]. J. Math. Anal. Appl., 2007, 325: 237-248.

[124] KIM G H. A stability of the generalized sine functional equations[J]. J. Math. Anal. Appl., 2007, 331: 886-894.

[125] KIM G H. On the stability of mixed trigonometric functional equations[J]. Banach J. Math. Anal., 2007, 1: 227-236.

[126] KIM G H. On the stability of the Pexiderized trigonometric functional equation [J]. Appl. Math. Comput., 2008, 203(1): 99-105.

[127] KIM G H. On the stability of the generalized sine functional equations[J]. Acta Math. Sin. (Engl. Ser.), 2009, 25(1): 29-38.

[128] KIM G H. On the superstability related with the trigonometric functional equation [J]. Advances in Difference Equations, 2009. 2009: Article ID 90405, 10 pages.

[129] KIM G H, LEE Y W. Boundedness of approximate trigonometric functions[J]. Appl. Math. Lett., 2009, 22(4): 439-443.

[130] KIM G H. On the superstability of the Pexider type trigonometric functional equation[J]. J. Ineq. Appl., 2010, 2010: Article ID 897123, 14 pages.

[131] KIM H, KO H, SON J. On the stability of amodifed Jensen type cubic mapping[J]. J. Chungcheong Math. Soc., 2008, 21: 129-138.

[132] KIM S S, RASSIAS J M, CHO Y J, et al. Stability of n-Lie homomorphisms and Jordan n-Lie homomorphisms on n-Lie algebras[J]. J. Math. Phys., 2013, 54: Article ID 053501, 8 pages.

[133] KOMINEK Z. On a local stability of the Jensen functional equation[J]. Demonstratio Math., 1989, 22(2): 499-508.

[134] LEE J, PARK C, SHIN D. An AQCQ-functional equation in matrix normed spaces[J]. Results Math., 2013, 64(3): 305-318.

[135] LEE J. Stabilityof functional equations in matrix random normed spaces: A fixed point approach[J]. Results Math., 2014, 66(1): 99-112.

[136] LEE J, SHIN D, PARK C. Hyers-Ulam stability of functional equations in matrix normed spaces[J]. J. Ineq. Appl., 2013, 2013: Article ID 22, 11 pages.

[137] LEE J, SHIN D. Fuzzy stability of an AQCQ-functional equation in matrix fuzzy normed spaces[J]. J. Korean Soc. Math., 2016, 23(3): 287-307.

[138] LEE Y H, CHOI B M. The stability of Cauchy's gamma-beta functional equation[J]. J. Math. Anal. Appl., 2004, 299: 305-313.

[139] LEE Y H, CHUNG S Y. Stability of quartic functional equations in the spaces of generalized functions[J]. Advances in Difference Equations, 2009. 2009: Article ID 838347, 16 pages.

[140] LEE S H, IM S M, HWANG I S. Quartic functional equations[J]. J. Math. Anal. Appl., 2005, 307: 387-394.

[141] LEE Y H, JUN K W. The stability of the equation $f(x+p) = kf(x)$ [J]. Bull. Korean Math. Soc., 1998, 35: 653-658.

[142] LEE Y H, JUN K W. A generalization of the Hyers-Ulam-Rassias stability of Jensen's equation[J]. J. Math. Anal. Appl., 1999, 238: 305-315.

[143] LEE Y H, KIM G H. Approximate gamma-beta type functions[J]. Nonlinear Anal., 2009, 71: e1567-e1574.

[144] LI Y, SHEN Y. Hyers-Ulam stability of linear equations of second order[J]. Appl. Math. Lett., 2010, 23: 306-309.

[145] MCKENZIE L W. On the existence of general equilibrium for a competitive market[J]. Econometrica, 1959, 27: 54-71.

[146] MIHEȚ D, RADU V. On the stability of the additive Cauchy functional equation in random normed spaces[J]. J. Math. Anal. Appl., 2008, 343: 567-572.

[147] MIHEȚ D, SAADATI R, VAEZPOUR S W. The stability of the quartic functional equation in random normed spaces[J]. Acta Appl. Math., 2010, 110: 797-803.

[148] MIRMOSTAFAEE A K. Approximately additive mappings in non-Archimedean normed spaces[J]. Bull. Korean Math. Soc., 2009, 46(2): 387-400.

[149] MIRMOSTAFAEE A K, MIRZAVAZIRI M, MOSLEHIAN M S. Fuzzy stability of the Jensen functional equation[J]. Fuzzy Sets and Systems, 2008, 159 (6): 730-738.

[150] MIRMOSTAFAEE A K, MOSLEHIAN M S. Fuzzy versions of Hyers-Ulam-Rassias theorem[J]. Fuzzy Sets and Systems, 2008, 159(6): 720-729.

[151] MIRMOSTAFAEE A K, MOSLEHIAN M S. Fuzzy almost quadratic functions [J]. Results Math., 2008, 52(1): 161-177.

[152] MIRMOSTAFAEE A K, MOSLEHIAN M S. Fuzzy approximately cubic mappings [J]. Inform. Sci., 2008, 178(19): 3791-3798.

[153] MIRMOSTAFAEE A K, MOSLEHIAN M S. Stability of additive mappings in non-Archimedean fuzzy normed spaces[J]. Fuzzy Sets and Systems, 2009, 160(11): 1643-1652.

[154] MIRMOSTAFAEE A K. Perturbation of generalized derivations in fuzzy Menger normed algebras[J]. Fuzzy Sets and Systems, 2012, 195: 109-117.

[155] MIURA T. On the Hyers-Ulam stability of a differentiable map[J]. Sci. Math. Japonicae, 2002, 55: 17-24.

[156] MIURA T. The Hyers-Ulam-Rassias stability of differential operators and its applications[J]. Nonlinear Funct. Anal. Appl., 2005, 10: 535-553.

[157] MIURA T, TAKAHASI S E, CHODA H. On the Hyers-Ulam stability of real continuous function valued differentiable map[J]. Tokyo J. Math., 2001, 24 (2): 467-476.

[158] MIURA T, MIYAJIMA S, TAKAHASI S E. A characterization of Hyers-Ulam stability of first order linear differential operators[J]. J. Math. Anal. Appl., 2003, 286(1): 136-146.

[159] MIURA T, MIYAJIMA S, TAKAHASI S E. Hyers-Ulam stability of linear differential operator with constant coefficients[J]. Math. Nachrichten, 2003, 258(1): 90-96.

[160] MIURA T, JUNG S M, TAKAHASI S E. Hyers-Ulam-Rassias stability of the Banach space valued linear differential equations $y' = \lambda y$ [J]. J. Korean Math. Soc., 2004, 41(6): 995-1005.

[161] MIURA T, TAKAHASI S E, HAYATA T, et al. Stability of the Banach space valued Chebyshev differential equation[J]. Appl. Math. Lett., 2012, 25(11): 1976-1979.

[162] MOHIUDDINE S A. Stability of Jensen functional equation in intuitionistic fuzzy normed spaces[J]. Chaos, Solitons and Fractals, 2009, 42(5): 2989-2996.

[163] MOHIUDDINE S A, ŞEVLI H. Stability of Pexiderized quadratic functional equation in intuitionistic fuzzy normed space[J]. J. Comput. Appl. Math., 2011, 235(8): 2137-2146.

[164] MORADLOU F, VAEZI H, PARK C. Fixed points and stability of an additive functional equation of n-Apollonius type in C^*-algebras[J]. Abst. Appl. Anal., 2008, 2008: Article ID 672618,13 pages.

[165] MORTICI C, RASSIAS TH M, JUNG S M. The inhomogeneous Euler equation and its Hyers-Ulam stability[J]. Appl. Math. Lett., 2015, 40: 23-28.

[166] MOSLEHIAN M S. Superstability of higher derivatios in multi-Banach algebras

［J］. Tamsui Oxford J. Math. Sci., 2008, 24: 417-427.

［167］ MOSLEHIAN M S, NIKODEM K, POPA D. Asymptotic aspect of the quadratic functional equation in multi-normed spaces［J］. J. Math. Anal. Appl., 2009, 355(2): 717-724.

［168］ MOSLEHIAN M S, POPA D. On the stability of the first order linear recurrence in topological vector spaces［J］. Nonlinear Anal., 2010, 73(9): 2792-2799.

［169］ MOSZNER Z. On the stability of functional equations［J］. Aequationes Math., 2009, 77(1): 33-88.

［170］ MURSALEEN M, MOHIUDDINE S A. On stability of a cubic functional equation in intuitionistic fuzzy normed spaces［J］. Chaos, Solitons and Fractals, 2009, 42(5): 2997-3005.

［171］ NAJATI A. Hyers-Ulam-Rassias stability of a cubic functional equation［J］. Bull. Korean Math. Soc., 2007, 44(4): 825-840.

［172］ NAJATI A. On the stability of a quartic functional equation［J］. J. Math. Anal. Appl., 2008, 340(1): 569-574.

［173］ NAJATI A, ESKANDANI G Z. Stability of a mixed additive and cubic functional equation in quasi-Banach spaces［J］. J. Math. Anal. Appl., 2008, 342(2): 1318-1331.

［174］ NAJATI A, MOGHIMI M B. Stability of a functional equation deriving from quadratic and additive functions in quasi-Banach spaces［J］. J. Math. Anal. Appl., 2008, 337(1): 399-415.

［175］ NAJATI A, MORADLOU F, Stability of an Euler-Lagrange type cubic functional equation［J］. Turk J. Math., 2009, 33: 65-73.

［176］ NAJATI A, PARK C. On the stability of a cubic functional equation［J］. Acta Math. Sin. (Engl. Ser.), 2008, 24(12): 1953-1964.

[177] NAJATI A, RANJBARI A. Stability of homomorphisms for a $3D$ Cauchy-Jensen type functional equation on C^*-ternary algebras[J]. J. Math. Anal. Appl., 2008, 341(1): 62-79.

[178] NAJATI A. Fuzzy stability of a generalized quadratic functional equation[J]. Commun. Korean Math. Soc., 2010, 25(3): 405-417.

[179] NIKODEM K. K-convex and K-concave set-valued functions [M]. Lodz: Zeszyty Naukowe 559, 1989.

[180] NIKODEM K. The stability of the Pexider equation[J]. Ann. Math. Sil., 1991, 5: 91-93.

[181] OBLOZA M. Hyers stability of the linear differential equation[J]. Rocznik Naukowo-Dydaktyczny Prace Matematyczne, 1993, 13: 259-270.

[182] OBLOZA M. Connections between Hyers and Lyapunov stability of the ordinary differential equation[J]. Rocznik Naukowo-Dydaktyczny Prace Matematyczne, 1997, 14: 141-146.

[183] PÁLES Z. Generalized stability of the Cauchy functional equation[J]. Aequationes Math., 1998, 56(3): 222-232.

[184] PÁLES Z, VOLKMANN P, LUCE R D. Hyers-Ulam stability of functional equations with a square-symmetric operation[J]. Proc. Nat. Acad. Sci. U. S. A., 1998, 95(22): 12772-12775.

[185] PARK C. Homomorphisms between Poisson JC^*-algebras[J]. Bull. Braz. Math. Soc., 2005, 36: 79-97.

[186] PARK C, O'REGAN D, SAADATI R. Stabiltiy of some set-valued functional equations[J]. Appl. Math. Lett., 2011, 24(11): 1910-1914.

[187] PARK C, LEE J R, SHIN D. An AQCQ-functional equation in matrix Banach spaces[J]. Advances in Difference Equations, 2013, 2013: Article ID 146,15 pages.

[188] PARK C, LEE J, SHIN D. Functional equations and inequalities in matrix paranormed spaces[J]. J. Ineq. Appl., 2013, 2013: Article ID 547, 13 pages.

[189] PARK C. Fuzzy stability of a functional equation associated with inner product spaces[J]. Fuzzy Sets and Systems, 2009, 160(11): 1632-1642.

[190] PARK K H, JUNG Y S. Stability of a cubic functional equation on groups [J]. Bull. Korean Math. Soc., 2004, 41(2): 347-357.

[191] PARK J H. Intuitionistic fuzzy metric spaces[J]. Chaos Solitons and Fractals, 2004, 22(5): 1039-1046.

[192] PARK C, SHIN D, LEE J R. Fuzzy stability of functional inequalities in matrix fuzzy normed spaces[J]. J. Ineq. Appl., 2013, 2013: Article ID 224, 28 pages.

[193] POPA D. Hyers-Ulam-Rassias stability of a linear recurrence[J]. J. Math. Anal. Appl., 2005, 309(2): 591-597.

[194] POPA D. Hyers-Ulam stability of the linear recurrence with constant coefficients [J]. Advances in Difference Equations, 2005, 2005(2): 101-107.

[195] POPA D, PUGNA G. Hyers-Ulam stability of Euler's differential equation [J]. Results Math., 2016, 69(3): 317-325.

[196] POPA D, RAŞA I. Hyers-Ulam stability of the linear differential operator with nonconstant coefficients[J]. Appl. Math. Comput., 2012, 219(4): 1562-1568.

[197] RADU V. The fixed point alternative and the stability of functional equations [J]. Fixed Point Theory, 2003, 4: 91-96.

[198] RASSIAS J M, On a new approximation of approximately linear mappings by linear mappings[J]. Discussiones Math., 1985, 7: 193-196.

[199] RASSIAS J M. Solution of the Ulam stability problem for quartic mapping

[J]. Glasnik Mat. Series, 1999, 34: 243-252.

[200] RASSIAS J M, RASSIAS M J. On the Ulam stability of Jensen and Jensen type mappings on restricted domains[J]. J. Math. Anal. Appl., 2003, 281 (2): 516-524.

[201] RASSIAS J M. Refined Hyers-Ulam approximation of approximately Jensen type mappings[J]. Bull. Sci. Math., 2007, 131(1): 89-98.

[202] RASSIAS TH M. On the stability of the linear mapping in Banach spaces[J]. Proc. Amer. Math. Soc., 1978, 72(2): 297-300.

[203] RASSIAS TH M. The stability of mappings and related topics, In: Report on the 27th ISFE[J]. Aequationes Math., 1990, 39: 292-293.

[204] RASSIAS TH M. On a modified Hyers-Ulam sequence[J]. J. Math. Anal. Appl., 1991, 158(1): 106-113.

[205] RASSIAS TH M, ŠEMRL P. On the behavior of mappings which do not satisfy Hyers-Ulam stability[J]. Proc. Amer. Math. Soc., 1992, 114(4): 989-993.

[206] RASSIAS TH M, ŠEMRL P. On the Hyers-Ulam stability of linear mappings [J]. J. Math. Anal. Appl., 1993, 173(2): 325-338.

[207] RASSIAS TH M. On the stability of functional equations in Banach spaces[J]. J. Math. Anal. Appl., 2000, 251(1): 264-284.

[208] RASSIAS TH M. On the stability of functional equations and a problem of Ulam[J]. Acta Appl. Math., 2000, 62: 23-130.

[209] RASSIAS J M, KIM H M. Generalized Hyers-Ulam stability for general additive functional equations in quasi-β-normed spaces[J]. J. Math. Anal. Appl., 2009, 356(1): 302-309.

[210] REZAEI H, JUNG S M, RASSIAS TH M. Laplace transform and Hyers-Ulam stability of linear differential equations[J]. J. Math. Anal. Appl.,

2013, 403(1): 244-251.

[211] RAVI K, SENTHIL KUMAR B V. Solution and stability of 2-variable additive and Jensen's functional equations[J]. Int J. Math. Sci. Engineering Appl., 2010, 4: 171-185.

[212] RAVI K, ARUNKUMAR M. Stability of a 3-variable quadratic functional equation[C]. Malaysia: Proceedings of ICM07, 2007: 331-342.

[213] RAVI K, SENTHIL KUMAR B V, THANDAPANI E, et al. Soltution and generalized Hyers-Ulam stability of a 2-variable cubic functional equation [J]. Pan-American Math. J., 2010, 20: 171-185.

[214] SAADATI R, PARK J H. On the intuitionistic fuzzy topological spaces[J]. Chaos Solitons and Fractals, 2006, 27(2): 331-344.

[215] SAADATI R. A note on some results on the IF-normed spaces[J]. Chaos, Solitons and Fractals, 2009, 41(1): 206-213.

[216] SAADATI R, CHOC Y J, VAHIDI J. The stability of the quartic functional equation in various spaces[J]. Comput. Math. Appl., 2010, 60: 1994-2002.

[217] SCHWEIZER B, SKLAR A. Probabilistic metric spaces[M]. New York: North-Holland, 1983.

[218] ŠERSTNEV A N. On the notion of a random normed space (in Russian)[J]. Dokl. Akad. Nauk. SSSR, 1963, 149: 280-283.

[219] SHAKERI S. Intuitionistic fuzzy stability of Jensen type mapping[J]. J. Nonlinear Sci., 2009, 2(2): 105-112.

[220] SHEN Y H, LAN Y Y, CHEN W. Hyers-Ulam-Rassias stability of some additive fuzzy set-valued functional equations with the fixed point alternative [J]. Abst. Appl. Anal., 2014, 2014: Article ID 139175, 9 pages.

[221] SHILKRET N. Non-Archimedean Banach algebras[D]. New York: Polytechnic University, 1968.

[222] SHIN D, LEE S, BYUN C, KIM S. On matrix normed spaces[J]. Bull. Korean Math. Soc., 1983, 27: 103-112.

[223] SKOF F. Local properties and approximations of operators[J]. Rend. Sem. Math. Fis. Milano, 1983, 53: 113-129.

[224] SKOF F, On the approximation of locally δ-additive mappings[J]. Atti Accad. Sci. Torino Cl. Sci. Fis. Mat. Natur., 1983, 117: 377-389.

[225] SKOF F, TERRACINI S. Sulla stabilità dell'equazione funzionale quadratica su undominio ristretto[J]. Atti Accad. Sci. Torino Cl. Sci. Fis. Mat., Natur., 1987, 121: 153-167.

[226] SMAJDOR W. Subadditive set-valued functions[J]. Glasnik Mat., 1986, 21: 343-348.

[227] SMAJDOR A. Hypers-Ulam stability for set-valued functions, In: Report on the 27th ISFE[J]. Aequationes Math., 1990, 39: 297.

[228] SZÉKELYHIDI L. On a theorem of Baker, Lawrence and Zorzitto[J]. Proc. Amer. Math. Soc., 1982, 84(1): 95-96.

[229] SZÉKELYHIDI L. The stability of the sine and cosine functional equations[J]. Proc. Amer. Math. Soc., 1990, 110(1): 109-115.

[230] TAKAHASI S E, MIURA T, MIYAJIMA S. On the Hyers-Ulam stability of the Banach space-valued differential equation $y' = \lambda y$ [J]. Bull. Korean Math. Soc., 2002, 39(2): 309-315.

[231] TAKAHASI S E, TAKAGI H, MIURA T, et al. The Hyers-Ulam stability constants of first order linear differential operators[J]. J. Math. Anal. Appl., 2004, 296(2): 403-409.

[232] TAKAHASI S E, MIURA T, TAKAGI H. Exponential type functional equation and its Hyers-Ulam stability[J]. J. Math. Anal. Appl., 2007, 329 (2): 1191-1203.

[233] TONGSOMPORN J, LAOHAKOSOL V, HENGKRAWIT C, et al. Stability of a generalized trigonometric functional equation[J]. J. Comput. Appl. Math., 2010, 234(5): 1448-1457.

[234] TRIF T. On the stability of a general gamma-type functional equation[J]. Publ. Math. Debrecen, 2002, 60(1/2): 47-61.

[235] TURDZA E. On the stability of the functional equation $\varphi[f(x)] = g(x)\varphi(x) + F(x)$[J]. Proc. Amer. Math. Soc., 1971, 30(3): 484-486.

[236] ULAM S M. Problems in Modern Mathematics[M]. New York: Wiley, 1964.

[237] WANG G, ZHOU M, SUN L. Hyers-Ulam stability of linear differential equations of first order[J]. Appl. Math. Lett., 2008, 21: 1024-1028.

[238] WANG Z H, HU C Z. The cubic ρ-functional equation in matrix non-Archimedean random normed spaces[J]. Filomat, 2020, 34(8): 2643-2653.

[239] WANG Z H, LI X P, RASSIAS TH M. Stability of an additive-cubic-quartic functional equation in mutil-Banach spaces[J]. Abst. Appl. Anal., 2011, 2011: Article ID 536520, 11 pages.

[240] WANG Z H, RASSIAS TH M, SAADATI R. Intuitionistic fuzzy stability of Jensen type quadratic functional equations[J]. Filomat, 2014, 28(4): 663-676.

[241] WANG Z H, SAHOO P K. Stability of an ACQ-functional equation in various matrix normed spaces[J]. J. Nonlinear Sci. Appl., 2015, 8(1): 64-85.

[242] WANG Z H. Stability of two types of cubic fuzzy set-valued functional equations[J]. Results Math., 2016, 70(1): 1-14.

[243] WANG Z H, SAHOO P K. Stability of the generalized quadratic and quartic type functional equation in non-Archimedean fuzzy normed spaces[J]. J. Appl. Anal. Comput., 2016, 6(4): 917-938.

[244] WANG Z H, SAHOO P K, Generalized Hyers-Ulam stability for general additive functional equations on non-Archimedean random Lie C*-algebras

[J]. Filomat, 2018, 32(6): 2127-2138.

[245] XU B, ZHANG W N. Hyers-Ulam stability for a nonlinear iterative equation [J]. Colloq. Math., 2002, 93(1): 1-9.

[246] XU B, ZHANG W N. Construction of continuous solutions and stability for the polynomial-like iterative equation[J]. J. Math. Anal. Appl., 2007, 325 (2): 1160-1170.

[247] XU T Z, RASSIAS J M, XU W X. Intuitionistic fuzzy stability of a general mixed additive-cubic equation[J]. J. Math. Phys., 2010, 51 (6): 21 pages.

[248] XU T Z, RASSIAS J M, RASSIAS M J, et al., A fixed point approach to the stability of quintic and sextic functional equations in quasi-β-normed spaces [J]. J. Ineq. Appl., 2010, 2010: Article ID 423231, 23 pages.

[249] ZHANG W X, XU B. Hyers-Ulam-Rassias stability for a multivalued iterative equation[J]. Acta Math. Sci., 2008, 28(1): 54-62.